网络通信关键技术丛书

算力网络

——云网融合 2.0 时代的网络架构与关键技术

曹 畅 唐雄燕 张 帅
李建飞 何 涛 李铭轩 编著
刘 莹 张传彪 屠礼彪

電子工業出版社
Publishing House of Electronics Industry
北京 • BEIJING

内 容 简 介

在计算与网络发展紧密结合、技术相互促进、产业协同合作的背景下，我国率先提出了“算力网络”的概念，中国联通研究院作为国内算力网络研究开展较早的科研机构之一，专门组织多位专家撰写了本书。

全书分为 9 章，第 1～2 章回顾了云网融合的发展历程，算力网络提出的背景、技术内涵与业界研究进展。第 3 章论述了算力网络架构与技术体系。结合该技术体系，第 4～7 章分别从算力网络的控制与转发、编排与调度，算力建模与交易及其他关联领域方面阐述了相应的关键技术。第 8 章对算力网络主要应用场景进行了阐述。第 9 章面向未来演进，从机遇和挑战两方面对算力网络的产业发展进行了预测。

全书条理清晰，针对性强，既适于对云网融合和算力网络技术感兴趣的科研人员阅读，也可作为高等院校计算机、通信、电子工程等专业研究生的专业课参考书。

图书在版编目（CIP）数据

算力网络：云网融合 2.0 时代的网络架构与关键技术 / 曹畅等编著. —北京：电子工业出版社，2021.10

（网络通信关键技术丛书）

ISBN 978-7-121-42041-2

Ⅰ. ①算… Ⅱ. ①曹… Ⅲ. ①计算机网络－研究 Ⅳ. ①TP393

中国版本图书馆 CIP 数据核字（2021）第 188694 号

责任编辑：李树林　文字编辑：康　霞
印　　刷：北京天宇星印刷厂
装　　订：北京天宇星印刷厂
出版发行：电子工业出版社
　　　　　北京市海淀区万寿路 173 信箱　邮编：100036
开　　本：720×1000　1/16　印张：14.5　字数：242.8 千字
版　　次：2021 年 10 月第 1 版
印　　次：2024 年 8 月第 9 次印刷
定　　价：88.00 元

凡所购买电子工业出版社图书有缺损问题，请向购买书店调换。若书店售缺，请与本社发行部联系，联系及邮购电话：（010）88254888，88258888。

质量投诉请发邮件至 zlts@phei.com.cn，盗版侵权举报请发邮件至 dbqq@phei.com.cn。
本书咨询和投稿联系方式：（010）88254463，lisl@phei.com.cn。

序（一）

FOREWORD

互联网是二十世纪最伟大的发明之一，从其诞生到现在已有五十多年，依然是未来全球科技与经济发展的主要驱动力。当前互联网发展的主战场正在从消费型互联网转向产业型互联网，促进着产业间的融合、创新。在这个过程中，越来越多的传统服务业和垂直行业正在成为互联网和信息通信服务的新领域，网络操作系统、5G/B5G、云计算、大数据、人工智能、确定性网络等新一代信息技术正在推动全社会的数字化转型。作为数据在云、网、边、端流动过程中的关键环节，信息通信网络将从纯粹的管道角色，转变成承载更多价值可能性的数字经济中枢。

基于上述认识，我国信息通信产业积极思考云网融合时代的业务特征和网络特性，在全球率先提出了“算力网络”的概念。一般来说，算力网络的作用是将动态分布的计算与存储资源充分连接，通过网络、存储、算力等多维度资源的统一协同调度，使海量的应用能够按需、实时调用泛在分布的计算资源，实现连接和算力在网络的全局优化，提供一致的用户体验。从云网协同到算网一体，网络的作用和价值将发生变化。对于“云网协同”，网络以云为中心，从云的视角看“一云多网”，对网络的主要需求是连通性、开放性，服务质量要求是尽力而为，网络是支撑角色。对于“算网一体”，网络以用户为中心，从用户的视角看“一网多云”，网络需要支持低时延、安全可信的通信，服务质量要求是具有确定性，网络成为价值中心。

进入2021年后，算力网络的研究与应用在业界明显加速。5月24日，国家发改委正式印发了《全国一体化大数据中心协同创新体系算力枢纽实施方案》，明确提出要构建数据中心、云计算、大数据一体化的新型算力网络体系，促进数据要素流通应用，实现数据中心绿色高质量发展。在同年 6 月举行的“第五届全球未来网络发展大会”上评选出的 16 项未来网络领先创新科技成果中有 5 项和算力网络直接相关，成果获奖单位覆盖了国内三大电信运营商。在国际标准领域，算力网络已经在包括 ITU-T、IETF、ETSI 和 BBF 在内的多个重要组织中完成了立项，研究工作从国内走向国际舞台。

在此背景下，为推动算力网络研究并形成特色解决方案，大量的学术研究及工程技术人员都期望能够快速学习和了解该领域的相关知识。然而，当前市面上并没有一本全面系统讲解算力网络的图书，本书很好地填补了这个空白，满足了当前相关科研人员与工程技术人员的实际需求。

本书由国内算力网络研究的主要发起单位之一、中国联通研究院组织相关专家撰写，对该领域研究思路和研究成果进行了系统总结。长期以来，中国联通公司高度重视算力网络研究工作，在标准研究、产业合作和应用落地领域均有颇多建树。通过阅读此书，读者既可以了解算力网络的背景与发展脉络，又可以根据书中提供的技术方案与应用场景开展实验，对其他从事该方向的研究人员也具有重要的参考借鉴意义。为此，推荐本书给相关有意愿和志向，努力进行开拓性研究的科技工作者、工程技术人员、高校师生。

中国工程院院士、网络通信与安全紫金山实验室主任

序（二）

FOREWORD

随着 5G、大数据、人工智能、区块链等信息通信技术的推广应用，经济社会向数字化转型升级的趋势越发明显。自 2020 年以来，国家发布了以“新基建”为导向的一系列政策，旨在通过加快建设数字化基础设施，提升各行业的“连接+计算”能力，引领重大科技创新、重塑产业升级模式，为社会发展注入更强动力。“连接+计算”能力的提升，需要计算和网络两大产业的有机协同，相互配合、优势互补。

中国联通研究院（以下简称联通研究院）作为中国联通公司研究体系的主体单位，很早就注意到以云网融合为代表的计算、网络两大产业协同发展趋势。从 2015 年开始，联通研究院先后结合 SDN/NFV、Segment Routing 和 AI 等技术，支撑中国联通公司构建起包含产业互联网（CUII）与智能城域网的新一代承载网基础设施，实现了用户便捷入云、云间互联及弹性连接服务。2019 年 11 月，联通研究院发布了业界首部《算力网络白皮书》，阐述了对未来算力业务形态、平台经营方式、网络使能技术等方面的观点，对算力网络的技术研究和产业推动产生了重要影响。2020 年 11 月，联通研究院牵头发起成立了“中国联通算力网络产业技术联盟”，旨在联合产学研合作伙伴，促进算力网络的标准完善、应用创新和生态繁荣。从“云网融合”到“算网一体”，网络需要为云、边、端算力的高效协同提供更加智能的服务，网络基础设施和算力基础设施必须走向深度融合，联合构成数字经济的基石，赋能全社会的发展和进步。

2021 年 3 月 23 日，中国联通公司正式对外发布了 CUBE-Net 3.0 网络创新体系和网络转型计划，其核心内涵是：打造连接数据与计算、提供智能服务的新一代数字基础设施，使能千行百业的数字化转型和智能化升级。以 CUBE-Net 3.0 网络创新体系为指引，联通研究院专门成立了算力网络核心攻关团队，目前已在算力网络的体系架构、关键技术、应用场景等方面取得了一系列重要成果，本书内容就是该团队对这些成果的详细论述。

希望本书通过总结产学研领域算力网络的研究成果和联通研究院的相关创新工作，为行业发展起到抛砖引玉的作用，推动网络与计算深度融合，助力构建面向未来的算网一体化服务新格局。

中国联通研究院党委书记、院长

前言

PREFACE

当今世界正经历百年未有之大变局，在新冠肺炎疫情肆虐的大背景下，世界政治经济格局加速演进，国际形势的不稳定性、不确定性更加突出。为了应对上述深刻变化，推动经济社会的高质量发展，我国做出了大力发展数字经济的战略抉择。近年来，线上零售、线上教育、视频会议、远程办公等新业态、新模式是数字经济发展的成功体现，而这些业务的顺利开展都离不开云计算与网络通信两大核心技术所形成的数字基础设施的有力支撑。可以预见，未来随着数字经济发展的持续深入，以云和网为代表的数字基础设施建设将更加深刻地影响和改变经济社会的发展模式和人们的生产生活方式，将成为科技创新和经济增长的重要引擎。

在云、网两大数字基础设施中，信息通信网络的重要性正在凸显。新一代信息网络正在从以信息传递为核心的网络基础设施，向融合计算、存储、传送资源的智能化云网基础设施发生转变。算力网络正是为应对这种转变而提出的新型网络架构。算力网络基于无处不在的网络连接，将动态分布的计算与存储资源互联，通过网络、存储、算力等多维度资源的统一协同调度，使海量的应用能够按需、实时调用泛在分布的计算资源，实现连接和算力在网络的全局优化，提供一致的用户体验。

因此，从发展趋势来说，算网一体是云网融合的延续，算力网络是实现算网一体最重要的技术手段。中国联通高度重视云网融合与算网一体工作的推进，2015 年发布面向云端双中心的解耦集约型网络架构 CUBE-Net 2.0，并在之后研发和建设了国内首个面向行业客户上云服务的产业互联网（CUII）。2019 年，中国联通公司发布业界首部《算力网络白皮书》，提出算力网络的内涵、愿景和意义，倡导计算与网络深度融合。2020 年，中国联通公司主导成立了国内首个算力网络产业技术联盟，并在国际、国内标准组织中主导了多项研究。为了让更多的读者了解算力网络的技术细节和产业发展脉络，中国联通研究院组织相关领域专家组织编写了本书，旨在结合“新基建”等最新政策导向与 5G/B5G 时代可能的商业模式创新，对算力网络的架构设计、功能模型、关键技术等进行详细分析和论述。

全书分为 9 章，第 1 章主要回顾了过去十年来云网融合技术的发展历程，第 2 章结合业务向云、边、端延伸的趋势，以及国家“新基建”的政策导向，论述算力网络的出现背景及算力网络何以支撑云网技术由 1.0 走向 2.0。第 3 章从中国联通视角，结合以往云网融合项目实施的成功经验，分析了算力网络架构与技术体系。第 4～7 章结合该技术体系分别论述了算力网络的控制与转发技术、编排与调度技术、算力建模与交易技术及其他关键技术，并对中国联通和产业界的主要工作成果进行了说明。第 8 章对算力网络的主要应用场景进行了阐述。第 9 章面向未来演进，从机遇和挑战两方面对算力网络的产业发展进行了预测。

本书既适合通信、计算机、互联网领域的相关从业人员阅读和参考，还适合通信工程、电子信息和计算机科学等相关专业的高校师生阅读。在本书的编写过程中，中国工程院刘韵洁院士、中国联通研究院李红五院长给予了颇多指导，并欣然为本书作序。同时，本书的撰写也得到中国联通算力网络产业技术联盟相关单位的大力支持，在此一并深表感谢！

由于算力网络目前还处于产业发展的初期，相关技术仍在快速发展中，加之编著者的知识水平有限，书中难免存在疏漏，恳请各位读者批评指正。

编著者

目录

CONTENTS

第1章

云网融合技术发展回顾

近年来，云网融合成为信息通信产业最重要的发展趋势。随着云服务的不断普及，网络在云服务中的地位和角色也需要重新定义，除提供连接通道外，网络将会更多地体现为云服务差异化竞争的重要手段。本章从云网融合发展的背景与趋势入手，结合软件定义网络（Software Defined Network，SDN）/网络功能虚拟化（Network Function Virtualization，NFV）技术分析了云网融合的技术特征，并站在业务角度对云网融合未来的发展趋势进行了展望。

1.1 云网融合发展的背景与趋势

随着信息通信技术（Information and Communication Technology，ICT）的发展，企业的各种业务也已逐步转移到云端，预计到 2025 年，85%的企业应用将上云。近年来，随着我国云计算领域的不断发展及政策的大力推动，企业在云端部署信息系统已经成为一种趋势，全球公有云市场规模见表 1-1。据 Gartner 公司统计，全球公有云服务市场从 2019 年的 2427 亿美元增至 2020 年的 2575 亿美元，网络连接的需求也在近年内开始激增，并且预测到 2021 年年底，全球公有云服务终端用户支出将增长 18.4%，总额达 3049 亿美元。2020 年突发的新冠肺炎疫情在很大程度上影响了企业云部署和数字化转型的策略，今后企业面向云的建设支出将加速增长。其中，软件即服务（Software as a Service，SaaS）仍然是公有云最大的细分市场。由于企业远程工作需求的增加，更多的工作人员需要访问高性能、可扩展的云原生应用，因此 Gartner 公司预测 2021 年应用基础设施即服务（Infrastructure as a Service，IaaS）的增幅也将高达 26.6%。在后疫情时代，电信运营商与云服务提供商的合作将会进一步加强，共同带动云市场的增长，企业也将依靠灵活敏捷的云网融合技术，保持其业务的高效和韧性。互联网数据中心（Internet Data Center，IDC）预测，作为云网服务之一的全球云专线市场收入规模近年来年增长率要达到近 70%，2021 年的云专线市场将从 2017 年的 14.15 亿美元飙升到 80.5 亿美元。

表 1-1 全球公有云市场规模[①] 单位：百万美元

	2019 年	2020 年	2021 年	2022 年
云业务处理即服务（BPaaS）	45 212	44 741	47 521	50 336
云应用平台即服务（PaaS）	37 512	43 823	55 486	68 964
云软件即服务（SaaS）	102 064	101 480	117 773	138 261
云管理与安全服务	12 836	14 880	17 001	19 934
云系统基础设施即服务（IaaS）	44 457	51 421	65 264	82 225
桌面即服务（DaaS）	616	1 204	1 945	2 542
市场总计[②]	242 696	257 549	304 990	362 263

云计算的基础设施与服务都离不开基础网络的支撑，弹性、可靠、智能、灵活的网络连接是企业上云的基础和保障。企业对网络的需求也在不断变化，单纯的“大带宽、低时延”已经不能满足企业“多系统、多场景、多业务”的上云要求。在这种场景下，业务需求和技术创新并行驱动加速网络架构发生深刻变革，云和网高度协同，不再各自独立，云网融合的概念应运而生，并已成为云计算领域的发展趋势。云计算开源产业联盟

① 数据来源：Gartner，2020年11月。

② 数据可能因四舍五入而与总数不符。

组织编写的《云网融合发展白皮书》明确指出：云网融合是基于业务需求和技术创新并行驱动带来的网络架构深刻变革，使得云和网高度协同、互为支撑、互为借鉴的一种概念模式，同时要求承载网络可根据各类云服务需求按需开放网络能力，实现网络与云的敏捷打通、按需互联，并体现出智能化、自服务、高速、灵活等特性。

随着云市场的快速增长与当前基础网络服务不足之间矛盾的日益加深，运营商迫切需要通过网络变革来改善和提高网络服务能力，应对云网融合时代的需求。着眼当前的网络演进，电信运营商构建云网一体化的服务体系，将同时需要技术和业务的双重驱动。技术驱动以 SDN/NFV 技术打通云到端的连接管道，打造敏捷运营平台，提升云网融合业务编排能力，实现以云服务方式提供网络产品，让智能管道延伸至端和云，实现云管端协同，同时可以增强面向行业用户的网络开放能力，降低运维成本和设备成本。业务驱动则以云服务带动网络资源升级，满足新型云业务场景下的用户需求，创造更大的商业价值，满足企业对云和网络高效互联的市场需求，云网服务将从线下模式走向“线上+线下”模式，在混合云场景中，网络也将成为业务传输的关键，能够进一步满足企业业务在多云之间的灵活切换。

从 2014 年开始，伴随着对云技术的理解加深，电信运营商开始广泛思考如何利用云技术的理念来升级设备，并开展网元云化的改造及架构转控分离的实践，确定以数据中心为核心、基于 SDN/NFV 的云化网络是网络演进的基本方向，网络本身的转型和重构势在必行。全球运营商基于各自网络特点进行了探索，如美国 AT&T 公司的 Domain2.0、中国联通的 CUBE-Net（Cloud-oriented Ubiquitous-Broadband Elastic Network，面向云服务的泛在宽带弹性网络）2.0、中国移动的 NovoNet、中国电信的 CTNet 2025 等战略性架构，并在各自现网中积极实践。5G 时代，云化网络将进一步提供敏捷的虚拟连接，并建立能力和开放的接口，支撑云业务的快速发展，最终实现云网融合支撑下的网络即服务（Network as a Service，NaaS）。

1.2 SDN 技术的发展历程

云网融合架构的演进离不开 SDN/NFV 的发展，它们提出的背景是网络业务的需求快速增长，网络结构越来越复杂，网络管控也很不透明，新型网络的演进升级进展缓慢，于是人们开始尝试网络可编程，希望构建更为高效透明的网络。

1.2.1 学术研究与互联网引入期

传统网络与软件定义网络的区别如图 1-1 所示。在传统的网络设备中，其硬件组成、操作系统及其应用都是紧密耦合在一起的，形成一个封闭架构，而不同厂家的设备往往无法通用，网络的升级演进紧紧围绕单一厂家的设备进行，这种传统网络架构严重阻碍了网络的创新与发展，于是人们开始尝试传统网络架构的解耦，让网络功能可编程、可定制。

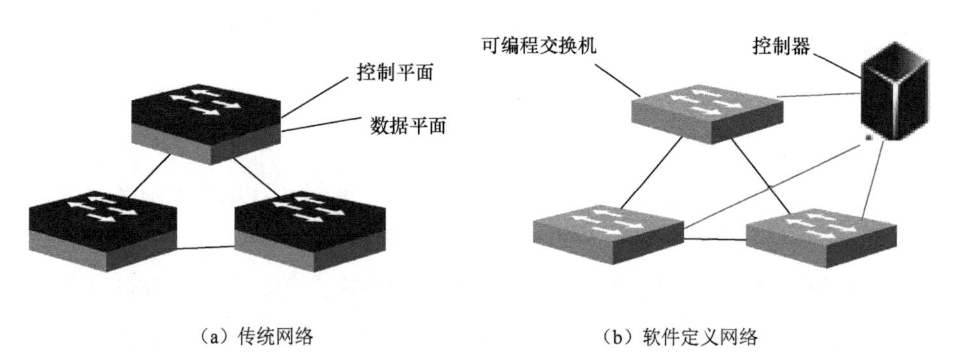

图 1-1　传统网络与软件定义网络的区别

在网络技术革新过程中，改变游戏规则的关键人物是美国国家工程院院士、曾经任职于斯坦福大学的 Nick McKeown。McKeown 与网络结缘还要追溯到 20 世纪 80 年代他曾供职的惠普实验室，他曾在那里研究互联网路由器架构，之后 McKeown 加入斯坦福大学继续进行计算机网络的研究，并与实验室同事发明了一款名为“Bay Bridge”的快速路由器。后来，McKeown 在斯坦福大学组建团队，领导一个名为“Clean Slate”的项目，首次提出 SDN 新型网络架构的理念，其目标是重新定义网络的体系结构。他在实验室成立的 The McKeown Group 项目组至今都是 SDN 技术方面的重要贡献者。

2006 年，来自该项目组的 Martin Casado 博士在路由控制和网络控制 4D（Decision，Dissemination，Discovery，Data）论文基础上，提出了一个新型的企业安全解决方案 SANE，该方案通过使用一个集中式的控制器，使网络管理员能够在各种网络设备中定义基于网络流的安全策略，从而实现对整个网络的安全控制。

2007 年，在 ACM 国际会议上，Martin Casado 博士介绍了关于面向企业网络管理的 Ethane 项目，该项目在 SANE 项目的基础上进行了优化扩充，成为 SDN 架构和 OpenFlow 的前身，正因如此，Martin Casado 也被称为“SDN 之父”。同年 Nick McKeown、Martin Casado 和另外一名美国工程院院士 Scott Shenker 联合创办了 Nicira Network 公司，也是世界上首个 SDN 初创公司，该公司在 2012 年被虚拟化巨头 VMware 公司以 12.6 亿美元的高价收购，这印证了 SDN 技术被认可。

2008 年，Nick McKeown 在 ACM 会议上发布白皮书，提出了 OpenFlow 这一实验性网络协议概念，基于以太网交换机，具有可以添加或删除流条目的标准化接口，尝试构建开放、可编程、虚拟化的网络平台，此外，他还介绍了 OpenFlow 的几大应用场景。后续，项目组的研究人员还利用 OpenFlow 在新型可编程路由平台 NetFPGA 上进行了实验，并在此平台上成功达到了斯坦福大学电子工程和计算机科学大楼的所有通信量。同年 7 月，类比现代计算机操作系统，Nick McKeown 带领他的研究团队提出面向构建开放型网络操作系统的创新构想。计算机系统是对资源（如内存、存储、通信）和信息（如文件、目录）进行高级抽象，通过受控访问来实现程序开发的，抽象使程序能够在各种各样的计算硬件上安全、有效地执行复杂任务，而该团队开发设计的是一个在显著规模上构建网络操作系统，并命名为 NOX，这种新型的网络架构包含的组件有 OpenFlow（OF）交换机和一个运行 NOX 控制进程和网络视图数据库的服务器，如图 1-2 所示。

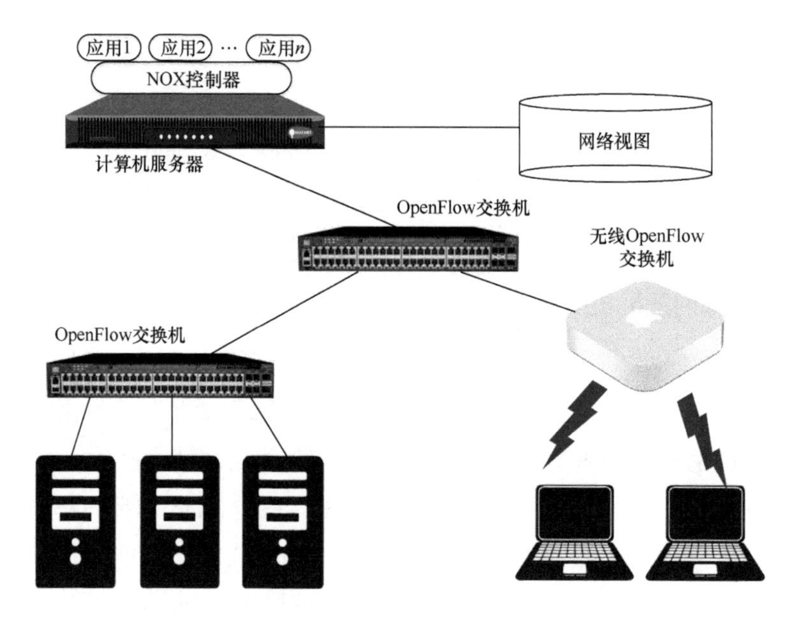

图 1-2　NOX 网络架构

2009 年，SDN 技术被美国《麻省理工科技评论》杂志评为当年的十大突破技术之一。这项革新网络架构的技术逐渐成为科研人员关注的焦点。同年，the McKeown Group 发布了 OpenFlow 1.0 版本的协议，这是首个可商用化的 OpenFlow 标准协议，并且在系统中利用网络虚拟化平台 FlowVisor 实现了带宽的分配。

2010 年，the McKeown Group 发布了一款名为 Mininet 的虚拟网络仿真平台，这一平台与 SDN 开发相匹配，允许在个人计算机上仿真构建大型网络的原型并进行实验，支持节点数达数百个，为广大网络研发人员提供了非常方便的研发工具。同年，Nick McKeown 的另一位博士生 David Erickson 利用 Java 语言实现了一个开源的 OpenFlow 控制器，名为

Beacon，为 Floodlight 和 Opendaylight 这两个有名的开源控制器奠定了基础。同年，来自普林斯顿大学的 Jennifer Rexford 提出基于 OpenFlow 架构的 DIFANE（Doing It Fast and Easy）网络方案，同时积极参与 SDN 技术的研究工作，她也是 OpenFlow 论文的作者之一。在此之前，OpenFlow 技术的研究一直处于学术领域，Google 公司也逐渐意识到，缺乏通用的控制平台，极大地阻碍了网络控制平面向灵活、可靠和多功能方面发展，并在同一年，Google 公司联合 Nicira Networks 公司提出了实现分布式系统的网络控制平面的统一平台 Onix，并利用统一的应用程序接口（Application Programming Interface，API）实现管理，Google 公司还为此申请了专利。2012 年，Google 公司发布了第一个 SDN 规模应用案例 B4，这点燃了业界对 SDN 的热情，使得 SDN 完成了从实验技术向网络部署的重大跨越。Google 公司的主干网络已经全面运行在 OpenFlow 上，并且通过 10 GB 网络链接分布在全球各地的 12 个数据中心，使广域线路的利用率从 30%提升到 90%以上，开启了网络新时代。而后，VMware 公司收购了 Nicira 公司，此次收购把网络软件从硬件服务器中剥离出来，推动 SDN 走向市场化，给资本市场以极大的信心。此外，第二家 SDN 领域的创业公司 Big Switch 也在这一年成立了，创始人之一 Guido Appenzeller 也是 Nick McKeown 的一名博士生，曾供职于思科公司，到了 2013 年，该公司还开放了 SDN 软件平台 Switch Light，用户利用该软件可以很方便地对运行在标准硬件上的虚拟交换机进行搭建和管理。曾供职于思科公司和 VMware 公司的工程师创立了一家专注于研发基于 Linux 的网络管理及控制系统的公司 Cumulus Networks，其主要业务是面向数据中心网络的优化，为 Verizon、Paypal 和 NASA 等提供服务，为推动网络设备的软硬件解耦贡献重要力量。在 2020 年，这家创业十年的公司被一家巨头 NVIDIA 公司收购，以增强其数据中心业务能力。

1.2.2 技术推广与开源标准发展期

SDN 领域创业公司的增加及学术界的逐渐关注，让这个网络的革新技术逐渐进入人们的视野，相关研究人员逐渐意识到是时候进行技术的标准化工作了，因此 2011 年，在 Nick McKeown、Scott Shenker 等人的推动下，Google、Facebook、NTT、Verizon、德国电信、微软、雅虎等商业公司联合成立了一个非营利性组织——开放网络基金会（Open Networking Foundation，ONF），共同致力于推动 SDN 技术的产业化和标准化。Nick McKeown 和 Scott Shenker 分别作为斯坦福大学和加州大学伯克利分校的代表联合一些 IT 公司还建立了开放网络研究中心（Open Networking Research Center，ONRC）为 SDN 的推广做努力；与之相对应地，还组织举办了开放网络的国际会议（Open Networking Summit，ONS），目前已经成为网络开源方向上的顶级会议，是开放网络创新技术的风向标，参会人员从一开始的 600 人发展到今天的几千人，也从侧面印证了 SDN 技术的快速发展。上述三个组织的标志如图 1-3 所示。

（a）ONF　（b）ONRC　（c）ONS

图 1-3　ONF、ONRC 和 ONS 的标志

同年，Jennifer Rexford 项目组发布了一种新型分布式网络编程语言 Frenetic，而来自耶鲁大学的 Paul Hudak 项目组设计了一种嵌入 Haskell 语言中新的网络编程语言 Nettle，两者都是尝试利用可编程的方式实现网络控制。

2012 年，在第二届 ONS 峰会上 Google 公司介绍了基于 SDN 技术的全球数据中心互联方案，方案中部署 12 个全球站点，采用的是通过 Google 公司原有设备 Saturn 进一步自研的交换机，运行纯 IP 网络。同年 4 月，ONF 发布了 SDN 白皮书，详细阐述了 SDN 技术产生的背景和技术关键，对 SDN 进行了定义，其会是一种新兴的网络架构，网络的控制层面和转发层面解耦，并可直接编程实现，使得底层基础设施可以为了应用程序和网络服务实现抽象。Big Switch 公司发布了一款 SDN 控制器 Floodlight，而来自日本电报电话公司（NTT）的研究人员发布了 SDN 控制器产品 Ryu。同时在国内，芯片解决方案厂商盛科网络积极参与 SDN 技术的商业化，并发布了第一款自研 SDN 交换机系统 V330 OpenFlow。成立 ONRC 之后，Nick McKeown 和 Scott Shenker 等人进一步成立了一个开放网络实验室 ON.Lab，该实验室在 SDN 开源控制器和系统平台方面重点发力。

2013 年 4 月，Linux 协会及思科、IBM、微软、VMware、红帽等 18 家企业联合发起了一项 SDN 开源项目 OpenDaylight，每个成员都将在项目中提供开源代码，分担研发成本，项目旨在打破网络硬件的垄断，驱动网络技术创新力，每隔一段时间就会发布一个控制器版本，命名规则也很有趣，按照元素周期表依次命名，目前已经更新 13 个版本，叫作“铝”。来自 the McKeown Group 的 David Erickson、Brandon Heller、Nikhil Handigol 和 Peyman Kazemia 四位博士共同创立了 Forward Network 公司，该公司致力于利用平台化的技术为企业提供网络分析和网络中断修复等服务。Nick McKeown 和另一位博士 Glen Gibb 创办了 Barefoot Network 公司，该公司致力于设计高端以太网交换芯片，推动数据平面可编程化，Forward Network 公司和 Barefoot Network 公司的标志如图 1-4 所示。同年 8 月，继 ONS 峰会之后，Google 公司在香港召开的 ACM 会议上正式发表了其 SDN 控制器方案的研究论文，详细阐述了其数据中心互联方案 B4。微软公司在这次 ACM 会议上也介绍了一种面向数据中心业务的 SWAN 系统，该系统通过集中控制，灵活重新配置网络的数据平面以匹配数据流量需求，进而实现数据中心网络的高可利用率。同年 11 月，思科公司以 8.63 亿美元收购了网络公司 Insieme，并在此基础上积极进行技术布局，提出数据中心网络体系结构 ACI，其包括了思科 Nexus 9000 交换机、策略模型及应用策略的基础架构控制器（APIC）；而收购了 Nicira Network 公司的 VMware 公司也推出了自己的 SDN 平台 NSX，其中的 SDN 架构正是利用了 Nicira 的方案。

中国的盛科公司也发布了最新的 SDN 交换机平台 V350，搭载自研第三代高性能以太网交换机芯片，使平台取得较好的转发性能，并在 2013 年 ONS 峰会中荣获 SDN Idol@ONS 桂冠。同年，普林斯顿大学的 Jennifer

Rexford 团队在 Frenetic 的基础上发布了一种内嵌于 Python 语言的新型网络编程语言 Pyretic，实现了网络更高级别的抽象。

（a）

（b）

图 1-4　Forward Network 公司和 Barefoot Network 公司的标志

随着 SDN 技术的发展，与之相应的白盒交换机的概念已经获得网络和互联网公司的广泛认可，Broadcom、Facebook、Juniper、Big Switch、Dell、HP 等各大厂商纷纷入局，结合各自特点，积极研发白盒交换机的相关设备。例如，Facebook 曾在 2011 年推动成立 OCP（Open Compute Project），旨在实现更高效的服务器和数据中心，2013 年又成立子项目 Open Network，重点关注交换机硬件和芯片的白盒化演进。

2014 年，成立两年有余的 ON.Lab 在 ACM 会议上发布了基于 Java 编译的开源 SDN 网络操作系统 ONOS，这是业界首个面向运营商业务场景的开源 SDN 控制器平台，满足了运营商对于网络业务的良好可扩展性、便捷管控等需求，并被认为是 OpenDaylight 开源代码的替代者。OpenDaylight 与 ONOS 组织的标志如图 1-5 所示。

（a）

（b）

图 1-5　OpenDaylight 与 ONOS 组织的标志

此外，ON.Lab 还在此次 ACM 会议上发布了一款用于多租户网络虚拟化的平台 OpenVirteX，该平台能够实现网络租户控制器和物理网络之间的联通，并且该平台基于 FlowVisor 进行改进设计，具有全网络虚拟化、网络拓扑灵活和配置简单等特性，使网络虚拟功能更加高效。2015 年，ONF 成立了一个开源的 SDN 项目社区——Open Source SDN，以更好地推动 SDN 技术的发展。还有一件影响深远的事情，即 Nick McKeown 教授依托 Barefoot Networks 公司首次提出一种路由转发数据平面的编程语言 P4（Programming Protocol-Independent Packet Processors），这种新型的网络编程语言定义了一套抽象转发模型，可以实现数据平面的可重配置性、协议无关性和平台无关性等，其可编程架构如图 1-6 所示。

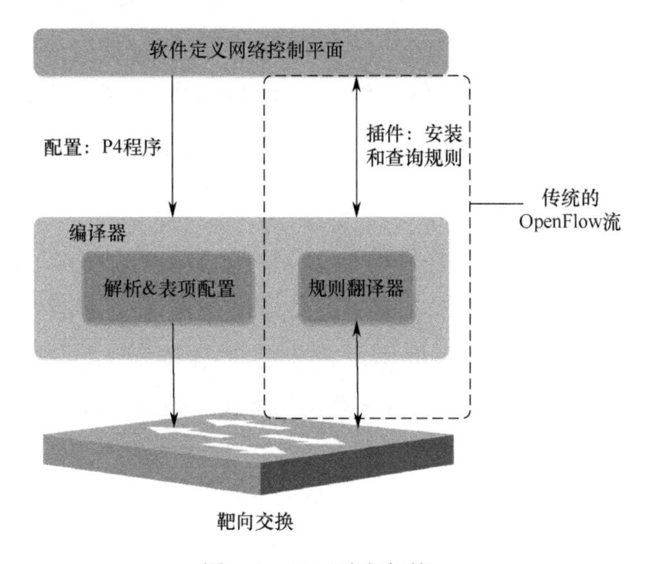

图 1-6　P4 可编程架构

1.2.3　运营商试点与规模应用期

在 2013 年以后，运营商紧跟互联网厂商的步伐，积极对 SDN 技术敞开怀抱。美国电信运营商 AT&T 公司于 2013 年年底发布了自己的开放网络项目白皮书 *AT&T Domain 2.0 Vision WhitePaper*，通过 SDN/NFV 技术将网络基础设施从“以硬件为中心”转向“以软件为中心”，实现基于云架构的开放网络，并制定计划要在 2017 年实现 55%网络向 SDN 转型，在 SDN 网络环境中提供虚拟网络功能（Virtual Network Function，VNF）的创建、编排、灵活管控等；其率先打造 ECOMP 网络编排系统，首次将 SDN 技术用于电信运营商大网的编排管理，并且与法国顶级运营商 Orange 公司进行合作，共同推进 SDN 技术的标准化。

在此之后，Verizon 发布 SDN/NFV 参考架构白皮书，详细阐述面向未来网络的架构设计，引入统一的端到端网络编排和业务编排，从顶层设计对网络进行升级，推动网络能力的提升；西班牙电信公司（Telefonica）提出 UNICA 架构，使用 SDN 技术将分散在各地的数据中心统一管理；沃达丰（Vodafone）发布基于 SDN/NFV 技术的网络转型战略 Ocean，构建自动、资源优化的 IP 和光网络，面向企业提供实时敏捷、简化自配置的业务，支持端到端的业务编排；国外代表运营商澳电讯公司（Telstra）、日本 NTT 公司和韩国 SK telecom 公司等也相继开始引入 SDN 技术进行试点。

同时，国内运营商进一步开展 SDN 技术的研究，积极参与 SDN 技术发展及产业生态建设，在 2015 年至 2016 年间也发表了以网络转型为主要内容的技术白皮书，确立了 SDN 技术在运营商网络转型中的重要作用，如图 1-7 所示。中国移动发布 NovoNet 新一代网络架构，强调与 SDN、NFV 等技术的融合，共同构建开放、弹性、灵活的新一代网络。中国联通发布新一代网络架构 CUBE-Net 2.0 网络架构白皮书，基于 SDN/NFV、云和超宽带技术实现网络重构，共同构建云网协同一体化，服务按需云化部署，实现网络的立体切分，构建立体模块化网络。中国电信发布 CTNet2025 网络架构白皮书，旨在通过智能化牵引网络重构，建立简洁、敏捷、开放和集约的新型网络体系。

在 2016 年之后，运营商的 SDN 技术应用进入规模试点期，在部分场景的试点完成后，已经转入正式商用。例如，中国联通构建基于 ONOS 等开源软件的 SDN 控制平台，与 ONOS 开放网络实验室达成战略合作，实现 ONOS 控制系统在国内运营商中的首个应用落地；中国移动研发的 OpenDaylight 控制器，在 IP 承载网 NovoWAN 中实现全局流量调度优化，能够实时感知网络流量和全局集中调度流量，提升了 IP 网络带宽利用率；

中国电信 IP 骨干网互联网业务智能调度管控方案实现了集约的“多级网络协同”，以及 IP 网络资源均衡与一键式流量调度。

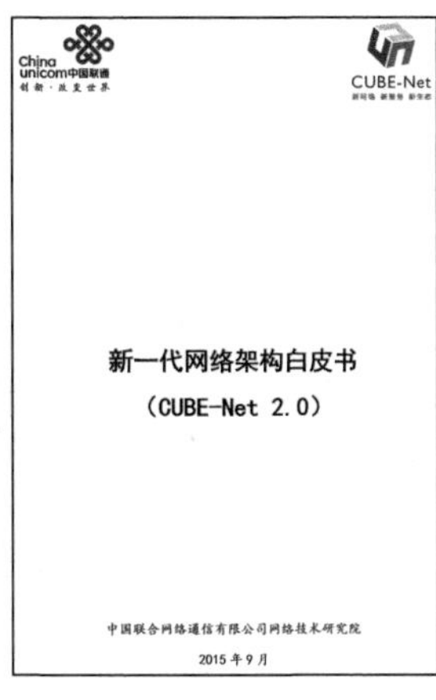

图 1-7　运营商发表的技术白皮书

随着众多 SDN 方案在数据中心和运营商网络上的成功部署，SDN 技术的发展越来越快，各大厂商的参与更加积极，Google 公司在 B4 项目的研究基础之上，开始发力广域网的 SDN 技术应用，即 SD-WAN 技术，并在之后成为 Google 公司 SDN 战略四个主要方向之一。同样也是其 SDN 战略四个主要方向之一的是在 2017 年 ONS 峰会上，Google 公司发布的其部署三年多的对等边缘架构 Espresso，该架构允许企业查询多种路由器状态，并提供路由器的区域视图和全球视图，网络控制器可以优化转发路径，并动态调整 BGP 出口带宽，推动 SDN 进入公共互联网。这里同时梳理一下 Google 公司的另外两个战略，即 Jupiter 和 Andromeda。Google 公司利用 SDN 技术构建 Jupiter，这是一个能够支持超过 10 万台服务器规模的数据中心互联架构。而 Andromeda 是一个网络功能虚拟化堆栈，可以将其本机应用程序的功能提供给在 Google 云平台上运行的容器和虚拟机。

微软公司在 2015 年发布了交换机抽象接口架构（Switch Abstraction Interface，SAI），这是一个可以跨平台的交换机接口，实现了转发芯片的功能抽象，软件为每个功能模块都提供一组函数集，API 通过函数集调用软件接口，从而实现转发面的配置管理。标准化的 API 可以对软件进行编程，适用于多个不同的交换机，SAI 在所有硬件上运行相同的应用程序堆栈，这使得 SAI 接口具备简单性、一致性。基于 SAI 架构，微软发布了一款开源交换机操作系统 SONiC（Software for Open Networking in the Cloud，基于云的开放网络软件），该系统针对大型数据中心的自动化和高扩展性进行了优化，实现了数据控制面与转发面的分离，允许用户采用白盒交换机搭载 SONiC 系统实现不同的网络功能，SONiC 让用户更方便地进行网络的调试、修复，通过改变软件策略和拓扑实现新的网络架构，进而实现灵活性网络。截至 2020 年年底，该系统的装机容量已达到 400 万端口。

华为公司在 2016 年发布新款全景式 SDN 统一控制器 Agile Controller，该控制器从 2014 年发布首款以来已经更新至第三代，面向广域网、数据中心、企业园区及物联网四大商业场景提供 SDN 解决方案，实现网络端到端的协同。

Barefoot Networks 公司发布了首款基于 P4 的可编程开放网络芯片 Tofino，该芯片采用 16 nm 光刻工艺，搭载该芯片的交换机可实现 6.5 Tb/s 的交换速度，是当时已有交换机速度的 2 倍多，在数据面搭载可编程芯片实现开放的以太网交换机，为网络用户提供按需控制，使网络更为高效。AT&T 公司首先采用其编程芯片 Tofino，随后中国的阿里巴巴、百度和腾讯等公司与 Barefoot Networks 公司确定合作关系，拟开始部署基于 Tofino 芯片的交换机。芯片制造厂商 Cavium Networks 公司在同期宣布推出可编程的全新 XP60 和 XP70 系列以太网交换机，新产品将能够应用于数据中心和运营商接入等多种应用场景。VMware 公司的 NSX 平台已有 2400 多个客户，带来的收入超 10 亿美元。虽然调研机构 SDxCentral 表示，SDN 技术目前仍部署在 500 个节点以内，但随着 SDN 市场的逐渐成熟，SDN 技术在大规模网络环境中的部署将逐渐增加，排在第一位应用的仍是云计算领域，其次是 SD-WAN。

在 2016 年 3 月的 ONS 峰会上，ONOS 的核心成员 AT&T、Verizon、

中国联通、SKT、NTT 等运营商联合 ON.Lab 公司宣布共同推动开源网络项目 CORD（Central Office Re-architected as a Datacenter，中心局重构为数据中心），利用通用的硬件、开源软件和 SDN/NFV 技术实现电信机房的数据中心化，从而构建更加经济、灵活的未来网络基础设施，并且规划了三大应用场景，即 E-CORD（企业市场）、R-CORD（家庭市场）、M-CORD（移动市场）。同年 6 月，CORD 项目正式宣布成为 Linux 基金会下的独立网络开源项目。同年 10 月，开放网络基金会 ONF 宣布与 ON.Lab 合并，新成立的实体组织继续制定 OpenFlow 技术标准，并兼顾 ONOS 和 CORD 等项目的开发，合并后的组织将保留 ONF 的名称。同年 12 月，中国联通牵头成立了中国 CORD 产业联盟，利用公司自身可覆盖整个广域网的端到端 SDN 的能力，推进面向企业客户的 E-CORD 项目。

2018 年，ONF 发布了面向下一代 SDN 的接口策略，如图 1-8 所示，并联合 Google 公司开展 Stratum 项目，旨在实现软件定义的数据平面并构造搭载开放软件系统的白盒交换机。在 Google 公司部署 SDN 的工作中，技术人员发现 OpenFlow 的局限性，控制数据层面的硬件转发阻碍重重，Stratum 项目将重点聚焦可编程芯片和编程语言 P4 方案，其管道控制机制被视为 OpenFlow 的升级版。

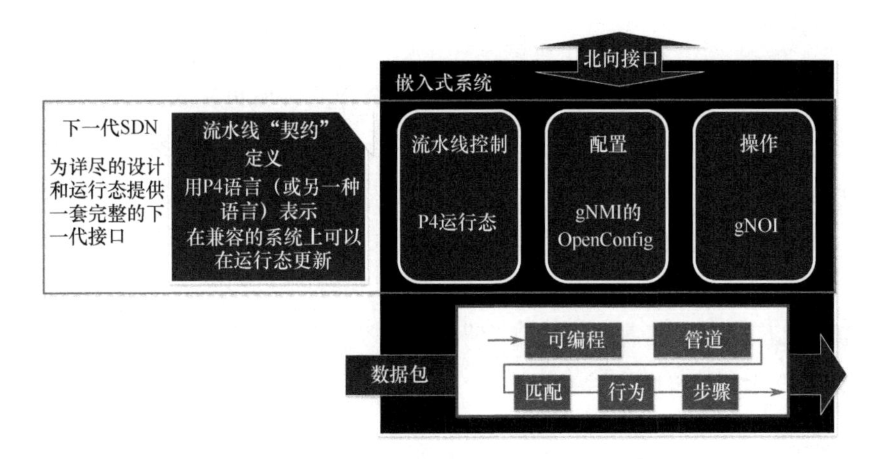

图 1-8　面向下一代 SDN 的接口策略

2018 年的 ONS 峰会上，Barefoot Networks 公司更新了网络编程的软件开发环境，推出 Barefoot P4 Studio 产品，简化了 P4 程序开发的流程，完整实现了 P4 编程语言到专用集成电路的映射，让 P4 编程语言更加适配 Tofino 系列芯片，如图 1-9 所示。

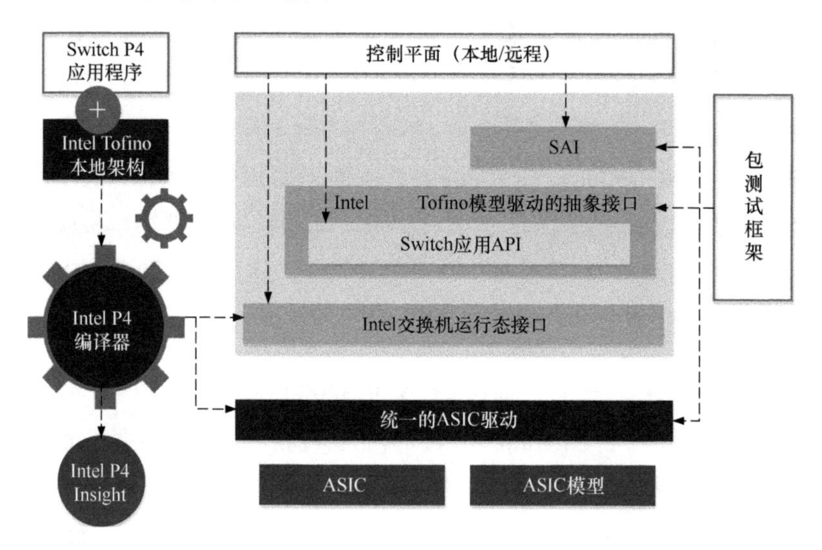

图 1-9 Barefoot P4 Studio 开发环境架构

Intel P4 Studio 提供了一套丰富的开发工具来支持数据平面和控制平面的软件编译。

SDN 技术的应用领域越来越广泛，各个行业领域也在此基础上积极探索，从而实现更高效的网络服务。国内的云计算、大数据服务厂商浪潮，也推出了自己的 SDN 管控平台——浪潮智能云引擎 ICE 2.0，其基于 OpenDaylight 开源控制器进行深入定制开发，实现了硬件和虚拟交换机的统一管理。在同年 11 月召开的首届中国 SD-WAN 峰会上，阿里云首次推出了 SD-WAN 产品，为零售业、制造业提供了更加便捷的云服务，从而加速了云化、数字化业务的部署。

2019 年年初，Barefoot Networks 推出基于 P4 可编程的新一代 ASIC（Application Specific Integrated Circuit，专用集成电路）芯片 Tofino2，在上

一代产品的基础上进一步提升了交换带宽，达到 12.8 Tb/s，芯片制造选择台积电公司作为代工厂，采用先进的 7nm 工艺实现芯片核心的制造。当时有厂商采用 Tofino 芯片来代替 X86 服务器，利用 P4 编程实现服务器的负载均衡功能，依托芯片的线速处理方式，能够更好地实现部分服务器的功能，也正因此，有人预计 Barefoot Networks 或将被芯片大厂 Broadcom、Intel 或 AMD 收购。很快这种猜测变成了现实，2019 年 Intel 公司宣布收购这家已成立 6 年多的网络公司，其拥有 Tofino、P4 及其编译器等核心科技，Intel 公司将借此加强自身在数通领域的话语权。面对 5G 时代对于边缘计算的强烈需求，Intel 公司通过收购 Pivot Technology Solutions 公司的 Smart Edge 这一智能边缘平台业务来强化自身的业务能力，以期望在多接入边缘计算领域实现增长。同年 4 月，ONF 宣布完成与 P4 社区的合并，并将主持 P4 工作组的日常活动，ONF 将 P4 工作组与运营商的开源 SDN 项目相结合，共同推动开源网络的发展。同年 9 月，ONF 正式开源了 Stratum 项目，并希望以此在运营商业务领域获得更广泛的应用。Intel 公司的 P4 和 Tofino2 也将纳入该项目中，共同构建一种真正意义上的可定制的白盒化交换机架构。Broadcom 公司在这一年年底发布了全新的 Tomahawk 4 网络芯片，该芯片采用台积电公司的 7 nm 工艺，在进一步降低功耗的基础上，实现总吞吐量达到 25.6 Tb/s，为业界之最。

运营商 AT&T 在加快部署 SDN 技术，为网络提供动力，并结合 CORD 项目推出了 dNOS 白盒操作系统，利用白盒化的路由交换设备，搭载网络操作系统，进一步实现网络的开放化和虚拟化。2019 年其提前完成 75%网络虚拟化目标，并且 AT&T 公司正积极使用云技术来简化自身业务的应用程序。提到云技术，在 2019 年 ONS 年度峰会上，云原生技术作为开放网络技术的一项重要支撑被广泛关注。云原生技术可以允许用户以容器化的方式部署网络功能虚拟化组件并进行编排，有助于开放网络的快速实现。

据咨询机构 IDC 在 2019 年的预测，从 2018 年开始 SD-WAN 基础设施市场份额将以 30.8%的复合年增长率增长至 2023 年的 52.5 亿美元。Big Switch Networks 公司的旗舰架构产品 Big Cloud Fabric 进行了更新，为下一代软件定义数据中心交换提供服务。

2019 年 6 月 6 日，中国工业和信息化部正式向三大运营商发放 5G 商用牌照，标志着我国通信正式进入 5G 商用元年。5G 时代对于网络服务的需求进一步提升，国内运营商在网络平台、管理和规划等不同方面进行升级改造，加快网络转型。2020 年，中国移动发布《2030+技术趋势白皮书》，中国电信发布《云网融合 2030 白皮书》；2021 年 3 月，中国联通正式对外发布 CUBE-Net 3.0 网络转型计划和《CUBE-Net 3.0 白皮书》，作为往后 5 年中国联通网络转型和实践的指导思想。

同时，华为公司发布基于人工智能的数据中心交换机新品，在 2019 SDN/NFV 大会上发布其自动驾驶网络（Autonomous Driving Network，ADN）战略，将在云计算、服务器开源和操作系统方面进行技术革新，助力实现自动驾驶网络、网络智能化，从而满足算力资源的多样化。

目前，SDN 技术主要应用于通信领域，具体涉及校园网、移动网络及云计算网络等，随着 SDN 技术的深入发展，其应用领域将会更加广泛。

1.3 NFV 技术的发展历程

SDN 技术和 NFV 技术是高度互补的，但不相互依赖。ETSI（European Telecommunications Standards Institute，欧洲电信标准化协会）认为，在网络中 SDN 技术和 NFV 技术的实施不必两者兼有，但是让两种技术有机结合实现网络的演进，会创造出更大的价值。因此 2012 年 11 月，AT&T、英国电信（BT）、德国电信、Orange、意大利电信、西班牙电信公司和 Verizon 联合成立了网络功能虚拟化工作组，由 ETSI 进行统筹工作，助力运营商实现虚拟化新型网络的部署。

ETSI 2012 年的白皮书陈述中解释了 NFV、SDN 和云计算的关系，即 NFV 技术是利用虚拟化技术和商用可编程通用服务器、交换机，先让网络功能的实现与底层硬件解耦，然后通过软件实现虚拟化的网络架构，这为今后满足云计算、大数据和物联网的需求奠定了基础，如图 1-10 所示。同时，ETSI 成立的 NFV 行业规范小组（Industry Standard Group，ISG）负责制定符合 NFV 和 SDN 技术的通用行业标准。

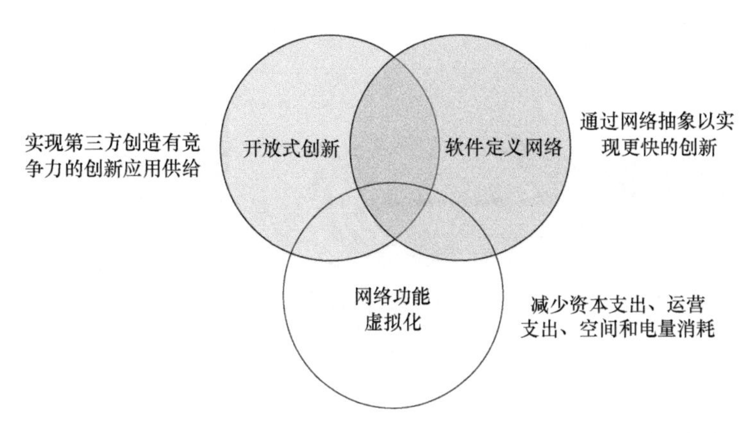

图 1-10 软件定义网络（SDN）与网络功能虚拟化（NFV）的关系

NFV 更多地将网络功能移植到虚拟环境中，SDN 更加重视网络控制层与转发层的分离。网络功能虚拟化可以依靠当前在许多数据中心中的技术实现，但依靠 SDN 的控制和数据转发平面分离的方法可以增强性能，简化与现有部署的兼容性，并改进操作和维护程序。网络功能虚拟化通过提供可以运行 SDN 控制器的基础设施来支持 SDN。OpenDaylight 表示，SDN 允许用户分离控制平面和数据平面，实现网络的可编程，而 NFV 允许时间和地点灵活的网络服务，并实现网络服务的可编程性，SDN 和 NFV 可以使用户优化网络资源，提高网络敏捷性及服务创新性，加快服务上市时间，提高商业智能，最终实现动态服务驱动的虚拟网络。

OpenStack 基金会曾对 NFV 进行定义，表示 NFV 技术是一种通过软件和自动化代替专用网络设备实现网络的定义、创建和管理的新技术。类似 SDN 技术，NFV 从根本上讲是从基于硬件的解决方案转向更开放的基于软件的解决方案，网络运营商可以通过 NFV 快速实现虚拟网元功能，从而实现业务流程的自动化服务交付。

2014 年 OPNFV 工作组成立，以推动 NFV 产业发展，通过构建以电信服务商为主的 NFV 平台，保障开源生态系统、开源组件具有可互操作性、一致性，有利于系统集成和 NFV 技术的快速部署。ETSI 与 OpenStack 的标志，如图 1-11 所示。

（a）　　（b）

图 1-11　ETSI 与 OpenStack 的标志

在国内，华为公司成立了 NFV 开放实验室，将 NFV 技术标准与电信基础设施相结合并进行研究，从而促进网络功能虚拟化的发展。

在 2015 年召开的 MWC 世界移动通信大会上，VMware 公司推出了 VMware vCloud for NFV 方案，该方案能够支持来自 30 多个供应商的 40 多个虚拟化功能，以满足电信及其运营商客户对于 NFV 功能日益增长的需求。早在 2013 年，该虚拟化巨头就通过推出 NSX 网络虚拟化产品紧跟 SDN 技术重塑网络市场。相比来说，SDN 技术是将交换机和路由器等数据转发处理设备放入软件中，而 NFV 技术是将网络顶部所实现的功能放入软件。此时 AT&T 公司也表示，公司计划逐步实现网络功能的虚拟化。

在 2016 年 4 月召开的 SDN/NFV 大会上，中国 SDN/NFV 产业联盟发布《NFV 产业白皮书》，为我国 NFV 技术产业的实施落地提供支撑，且 SDN/NFV 产业联盟本身正式成为 OPNFV 社区的组成会员，以方便进一步展开国际合作。AT&T 公司在 2016 年年底实现了其网络功能 34%的虚拟化，并在 2017 年实现了 55%的虚拟化，2020 年又实现了 75%的网络虚拟化。由于自身的开源优势，OpenStack 正在成为电信运营商部署 NFV 的通用组件，并且在 CORD 和 OPNFV 项目中得到广泛应用。通过不断提高 OpenStack 的可靠性，AT&T 公司的 NFV 云项目中已经包含 10 个 OpenStack 项目，并在 2016 年年底之前推出了 3 个云产品，利用开源代码实现了 NFV 资源的快速部署。

作为管理和编排重要的开源组织，国内运营商牵头成立的 Open-O 和国外的 ECOMP 在 2017 年宣布正式合并成立一个开放网络自动化平台（Open Network Automation Platform，ONAP），以吸纳更多的运营商、厂商加入进来，集中力量推进网络的虚拟化演进。VMware 公司发布 vCloud NFV 2.0，该平台进一步集成了 OpenStack 组件，以更好地满足电信运营商在 5G 时代对于网络功能虚拟化的广泛需求。

2018 年，OPNFV 工作组发布了 OPNFV 认证计划，用于建立基于 OPNFV 功能与测试用例的行业标准，通过简化商业 NFV 产品的接口，保证 NFV 组件认证的一致性。

目前 NFV 技术虽然为全球运营商所大力推广，期望由此降低网络运维成本，但其发展仍受到重重阻碍，其网络功能虚拟化所用的软件许可证仍是很大一笔开销，新兴技术到底以何种方式实现现网的整合仍是问题。各厂家所提出的 NFV 平台接口不一，如何进行统一的编排部署仍是目前面临的棘手问题。但随着 NFV 技术的日益成熟，许多厂商，如 AT＆T、思科、戴尔、Juniper、Google 等公司都在提供基于 NFV 的产品和服务。同时，标准组织和行业管理人员也继续致力于使该领域更加有秩序。OPNFV 表示，其致力于通过促进与上游项目（包括 OpenDaylight、ONOS、OpenStack 等）的集成来增强 NFV 基础设施。值得一提的是，OPNFV 目前已推出多种 NFV 技术版本，并一直以河流的名字命名，自 2015 年发布首个版本（名为 Arno）以来，已发布了 9 个版本，截至 2020 年年底，发布的最新版本为 Iruya。

目前云与网的结合更加紧密，云网融合的价值也日益凸显，向政府等大客户提供一站式云网服务已成为电信运营商及云服务提供商的共同目标。在电信行业网络转型的大背景下，以云网融合为特征的产业互联网市场已成为电信运营商新的业务增长点。云网一体化不单是网络架构与技术的深刻变革，也是网络运营与服务模式的重大创新，这一领域尚处于培育与发展阶段，前景广阔。如上面所提到的，在云时代，运营商面临网络和业务转型。一方面，电信运营商积极向云服务商转型，为行业、政府、企业客户提供各类云服务，从而实现新的业务增长点。另一方面，运营商积极结合SDN/NFV实现技术演进和新型网络重构，最终建设一个可敏捷部署、灵活扩展的云网融合服务平台。

可以看到，近年来数据中心网络已全面SDN化，电信运营商IP网络和传送网络的SDN化转型也正在积极推进，SD-WAN服务受到越来越多的关注，边缘云和云原生技术概念不断涌现，开源与白盒化进程也不断推进，而这一切也标志着云网融合在技术和产业应用上都处于演进的深水区，机遇与挑战并存。

1.4 云网业务的发展趋势

展望未来，随着云计算业务不断增加，以及企业对于上云的多系统、多场景、多业务等差异性需求，云网融合技术已经成为满足企业多云部署的重要保障，网络基础设施需要更好地适应云计算应用的需求，因此网络结构需要不断优化，而打造一个集灵活、智能和可运维等特点为一体的新型融合网络成为电信运营商们重要的业务增长点。

首先，在云网融合时代，网络不仅提供单一的连接服务，而且逐渐向“云+网+业务”的综合承载架构过渡，不仅要能够满足企业多类型业务的上云需求，而且要能与泛在的基础网络设施融合，从而实现算力资源的优化分配、灵活调度，进而满足用户对于云和网的个性化需求。这种新型架构对云网融合产品提出了更高的要求，除满足简单的云资源池之间的互联互通外，用户更需要的是多云接入和管理的解决方案，并且企业对于云网服务能力、用户体验也有更高的要求，会有业务的一站式开通、业务的高质量保证、业务的易于维护等需求。

其次，随着云计算产业进入成熟期，IaaS、PaaS、SaaS 等系列产品逐渐丰富，亚马逊、微软、谷歌等龙头企业的云业务广泛开展，交叉业务领域竞争十分激烈。云网融合的发展逐渐趋向多元化，一方面以云平台和云专网为基础的云网融合解决方案，逐渐满足“云+网+应用”服务模式；另一方面，云网融合的业界参与者由基础运营商逐渐扩展到云服务商、网络服务商等，进一步促进云网融合的多元化发展，云网融合正成为体现云服务商差异化的标志性产业。随着云网生态的建设不断完善，云网融合领域的服务提供模式将更加多样化，这将有力地推动云网融合和云计算产业的快速发展。

最后，在云网融合让产业形态多元化的同时，云市场和网络市场也在有机整合，云网融合概念由基础运营商提出并积极发展。不得不说，基础运营商的发展模式及竞争关系延缓了云网融合市场化与商业化的进程，早期的云网融合产品更多的是聚焦在同一个公有云节点之间的访问或访问某个公有云服务，整体上并没有形成一体化、跨多云、多运营商的异构环境下的传输。但是，随着中小企业、二三线城市企业的上云加速，新型云网融合架构催生云网融合应用场景的扩展。同时，企业的上云部署开始更多地涉及多云环境，以实现上云业务灾备、多元化等场景的实际需求，以往的传输模式将无法保障多云的管理及数据传输，云网的发展也正是这些类型企业的统一需求之一。

综合来看，越来越多的企业会聚焦多云、混合云模式，如何实现业务的高效传输将成为这类业务的瓶颈。同时，越来越多的云管平台服务商开始基于多云环境提供云服务，随着云网产品的成熟及上云逐渐转变为刚性需求，统一的云管平台业务需求逐步突显，企业期望在多云部署服务的同时，可以在多云之间高效、灵活地转移网络业务，这就需要解决传统的云网分离困难，这也是未来云网业务发展的重要保障。未来云网的业务模式如图 1-12 所示。

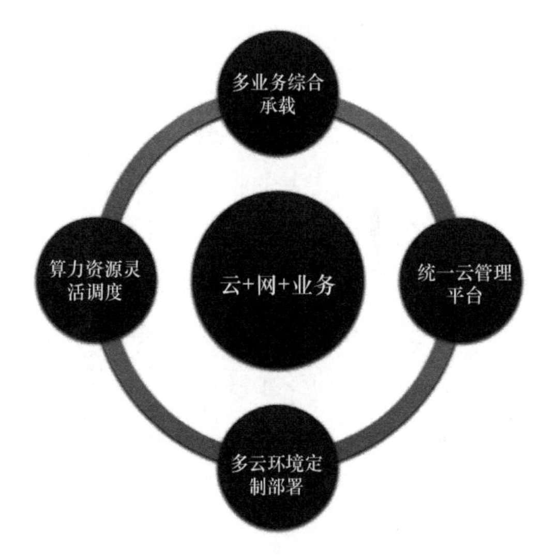

图 1-12　未来云网的业务模式

（1）新产业。云网融合将催生大量新兴产业加速成熟。随着 5G 网络的正式商用，未来 5G 网络业务能力将作为社会的数字化基础设施在推动行业数字化转型和数字经济发展中发挥价值。与传统的有线接入方式相比，5G 接入在开通时效性上能够得到很大提升，新型 5G 网络也将使云网融合的组网更加灵活。除此之外，边缘计算将是 5G 时代云网融合的重要一环。边缘计算可以部署大量的新型应用，甚至一些边缘侧的 IT 应用结合边缘计算能够提升整个行业的创新活力和经济效益，其中，云网融合将是新型产业的重要平台。结合 5G 网络的切片能力，未来网络可以提供更加灵活的部署方式，并且面向边缘云、物联网，云网融合+5G 模式将推动更多新兴产业的快速发展，加速行业应用。

（2）新网络。运营商的未来网络转型将主要围绕云网融合进行。目前电信运营商网络的承载能力已经逐渐无法满足企业对于高品质云网的增长需求，运营商网络中传统的通信网元和网络设备灵活性欠缺，部署新功能和新业务时效率低下，无法快速响应云网市场诉求，也无法应对企业对于业务灵活扩展的需求，如传统通信网元在资源共享与集中调度能力上都有欠缺，再加上 5G 已经商用部署，运营商网络架构的云化转型任务迫在眉睫。为适应云网融合新形势下的业务需求，运营商网络需要打破软硬一体、转控一体的限制，实现真正的网络云化，即提升算力资源可全局调度，网络能力可全面开放，网络容量可弹性伸缩，网络架构可灵活部署的能力。运营商逐渐满足企业高品质、全覆盖的云网一体或多云互联业务需求，并从单一的管道运营角色向云网一体化运营形态转变，这也是未来 ICT 业务运营与服务的新型模式。

（3）新优势。云网融合将成为云服务商差异化竞争的主要优势。如上所述，目前的云市场中单纯的公有云或私有云已不能满足企业的业务需求，更多的企业需要多云环境来满足业务发展，企业也乐于对云服务产品有选择性，这推动了云计算产业进入混合云时代。虽然不同的云计算服务从底层技术上来说并无太大差异，IaaS 产品也越来越同质化，但在云网融合背景下，如何在新型技术、新型服务模式、新型业务产品上体现差异化，将会是各个云服务商竞争的主战场，云服务商推出差异化的云产品将成为实现业务增量的主要手段。

另外，不论对于运营商还是对于云服务商来说，云网融合不仅是一种产品的类型，更是一种面向客户的平台和入口，这种平台和入口让企业具有的网络和产品相结合，从而能更好地支撑企业云业务的运行，还可以创造出多元化的新型业务场景。那些为企业提供上云、云间互联服务的运营商、设备商所提供的云网融合服务竞争点就在于此。在云网融合背景下，所提供的业务能力的孰优孰劣，直接决定了服务商面向企业（To Business）客户时的吸引力，从广义上来说，也影响了云业务的新型生态部署和新型商业模式。

1.5 本书结构

在介绍云网融合与 SDN 技术发展背景的基础上，本书接下来会围绕“云网融合下一步如何发展”这一核心问题展开。第 2 章将结合 SDN/NFV

技术未来发展伴随着业务向云、边、端延伸的趋势，以及国家新基建的政策导向，论述算力网络出现的背景，以及算力网络何以支撑云网技术由 1.0 走向 2.0。第 3 章将系统阐述算力网络的架构与技术体系，并指出算网控制、算网网元、算力资源建模、算力服务与交易和其他相关的技术问题。第 4～7 章依次对上述问题进行展开介绍。第 8 章结合算力网络的技术优势分析和预测了若干算力网络的未来应用场景。第 9 章对算力网络的发展进行了展望。由此可以看出，本书从总体上对“算力网络”这一技术体系进行了盘点、分析和论证，希望引导读者快速了解这一领域，并帮助读者结合目前既有技术路线开展算力网络和云网融合 2.0 的相关研究。

本章参考文献

[1] CAESAR M, CALDWELL D, FEAMSTER N, et al. Design and implementation of a routing control platform[C]. Proceedings of the 2nd conference on symposium on networked systems design & Implementation, volume 2. 2005:15-28.

[2] GREENBERG A, HJALMTYSSON G, MALTZ D A, et al. A clean slate 4D approach to network control and management[J]. computer communication review, 2005, 35(5):43-54.

[3] CASADO M, FREEDMAN M J, PETTIT J, et al. Ethane[J]. Acm sigcomm computer communication review, 2007, 37(4):1.

[4] MCKEOWN N, ANDERSON T, BALAKRISHNAN H, et al. OpenFlow: Enabling innovation in campus networks[J]. Acm sigcomm computer communication review, 2008, 38(2):69-74.

[5] NAOUS J, ERICKSON D, COVINGTON G A, et al. Implementing an openFlow switch on the netFPGA platform[C]. Acm/ieee symposium on architecture for Networking & Communications Systems. DBLP, 2008.

[6] GUDE N, KOPONEN T, PETTIT J, et al. NOX: Towards an operating system for networks[J]. Acm sigcomm computer communication review, 2008, 38(3):105-110.

[7] LANTZ B, HELLER B, MCKEOWN N. A network in a laptop: Rapid prototyping for software-defined networks[C]. Proceedings of the 10th ACM workshop on hot topics in

networks. ACM, 2010.

[8] ERICKSON D. The beacon openflow controller[C]. Acm sigcomm workshop on hot topics in software defined networking. ACM, 2013.

[9] YU M, REXFORD J, FREEDMAN M J, et al. Scalable flow-based networking with DIFANE[J]. 2010:351.

[10] KOPONEN T, CASADO M, GUDE N, et al. Onix: A Distributed control platform for large-scale production networks[C]. OSDI.2010.

[11] OPEN Network Foundation[EB/OL]. https://www.opennetworking.org/.

[12] FOSTER N, HARRISON R, FREEDMAN M J, et al. Frenetic: A network programming language[C]. Proceeding of the 16th ACM SIGPLAN international conference on functional Programming, ICFP 2011, Tokyo, Japan, September 19-21, 2011. ACM, 2011.

[13] VOELLMY A, HUDAK P, et al. Nettle: Taking the sting out of programming network routers[C]. Practical aspects of declarative languages-international symposium. DBLP, 2011.

[14] JAIN S, KUMAR A, MANDAL S, et al. B4: Experience with a globally-deployed software defined WAN. White Paper, 2013.

[15] Open Networking Foundation. Software-Defined Networking: The new norm for networks[J]. 2012.

[16] RUI, KUBO, TOMONORI, et al. Ryu SDN Framework: Open-source SDN platform software[J]. Ntt Technical Review, 2014.

[17] UIUC C Y H, KANDULA S, MAHAJAN R, et al. Achieving high utilization with software-driven WAN[J]. ACM SIGCOMM computer communication review, 2013, 43(4):15-26.

[18] MONSANTO C, REICH J, FOSTER N, et al. Composing software-defined networks[C]. 10th USENIX symposium on networked systems design and implementation (NSDI '13). 2013.

[19] BERDE P, HART J, HART J, et al. ONOS: Towards an open, distributed SDN OS[C]. Workshop on hot topics in software defined networking. ACM, 2014.

[20] ALSHABIBI A, DE LEENHEER M, GEROLA M, et al. OpenVirteX: Make your virtual SDNs programmable[C]. Workshop on hot topics in software defined networking. ACM,

2014.

[21] NURKAHFI G N, MITAYANI A, MARDIANA V A, et al. Comparing flowvisor and open virtex as SDN-Based Site-to-Site VPN services solution[C]. 2019 International Conference on Radar, Antenna, Microwave, Electronics, and Telecommunications (ICRAMET). 2019.

[22] BOSSHARTY P, DALY D, GIBB G, et al. P4: Programming protocol-independent packet processors[J]. ACM SIGCOMM computer communication review, 2014.

[23] JAIN V, YATRI V, KANCHAN, et al. Software defined networking: State-of-the-art[J]. Journal of High Speed Networks, 2019, 25(1):1-40.

[24] PETERSON L, AL-SHABIBI A, ANSHUTZ T, et al. Central office re-architected as a data center[J]. IEEE Communications Magazine, 2016, 54(10):96-101.

[25] SONI H, RIFAI M, KUMAR P, et al. Composing dataplane programs with µP4[C]. SIGCOMM '20: Annual conference of the ACM special interest group on data communication on the applications, technologies, architectures, and protocols for computer communication. ACM, 2020.

[26] MALATHI V, TAKEHIRO S, MOLLY B, et al. Network function virtualization: A Survey[J]. Ieice Transactions on Communications, 2017, E100.B(11):1978-1991.

[27] HAN B, GOPALAKRISHNAN V, JI L, et al. Network Function Virtualization: Challenges and opportunities for innovations[J]. IEEE Communications Magazine, 2015, 53(2):90-97.

[28] ZHANG J, WANG Z, MA N, et al. Enabling efficient service function chaining by integrating NFV and SDN: Architecture, Challenges and Opportunities[J]. IEEE Network, 2018, PP (6):1-8.

[29] 陈天，樊勇兵，陈楠，等. 电信运营商云网协同业务及应用[J]. 电信科学，2018（2）, pp.161-172.

第 2 章

算力网络与云网融合 2.0

在云网融合产业推动下，新一代信息网络正在从以信息传递为核心的网络基础设施，向融合计算、存储、传送资源的智能化云网基础设施发生转变。算力网络正是为应对这种转变而提出的新型网络架构。本章首先对电信网络的发展阶段进行了分析，然后结合算力的泛在化分布趋势和统一服务模式，阐述了算力网络的定义和内涵，最后对算力网络和云网融合的关系，以及产业化进程进行了总结。

2.1 电信网络发展阶段分析

SDN/NFV 技术是支撑云网融合技术起步并快速成熟的重要驱动力。SDN/NFV 作为网络 IT 化技术，在助力网络连接云服务的同时，也被云技术深深地改变着，历数电信网络的发展，大致可以分为三个阶段：2010 年之前为第一阶段，即连接型网络阶段；2010 年到 2020 年的云化网络阶段为第二阶段；2020 年以后的智能算网阶段为第三阶段，如图 2-1 所示。第一阶段网络主要功能在于服务连接本身，其基础是各种模拟的、基于电路时分复用（Time Division Multiplexing，TDM）或者分组 IP 化的技术，体现形式为通用的通信能力，代表业务为连接人或物。

在第二阶段，网络的大带宽能力不断增强，信息通信网络技术不断进步，重点体现在 SDN/NFV 能力的增强。为满足未来云网业务的多样化、垂直行业应用差异化的服务需求，通信网络面向软硬件解耦、虚拟化和云化部署方向发展，按需灵活定义的弹性网络架构成为发展趋势。通过软件定义网络（SDN）和网络功能虚拟化（NFV）等关键技术，赋予网络全面可编程能力，实现网络全域微服务化，提高网络架构的可塑性，使得网络架构可以智能地适应业务需求，这也是云网融合的技术特点之一。在这个过程中，SDN 技术要解决的问题更加偏重网络对接上云（Network For Cloud），而 NFV 技术更加偏重解决云承载虚拟网络（Cloud For Network）的问题。例如，中国联通的产业互联网云网一体服务项目建成了国内第一个面向产业互联网的专用网络，这些大规模的广域网的 SDN 应用，能够连接主流的云服务商，包括中国联通的供应商及客户的网络，覆盖广泛，实现了网络的智能化、开放化和服务化。

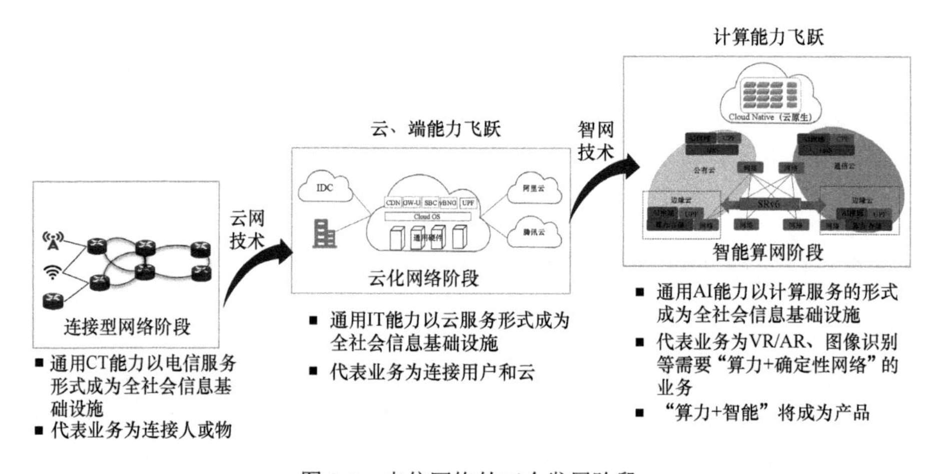

图 2-1　电信网络的三个发展阶段

在第三阶段，网络的主要特征表现为网络的智能化，实现网络连接和网络云化的智能融合，在连接层面，网络还将继续向统一编排、灵活管控方向演进，并且在这个基础上引入确定性的要求，云网融合的目标是实现网络的极简和敏捷化。其技术特点表现在以下三方面：

（1）SDN+SRv6 技术的融合。传统的分布式网络架构已无法满足当前飞速发展的云计算等新型业务的需求，无论是运营商还是企业，都亟待构建敏捷、智能、开放的网络来利用 SDN 网络体系架构实现网络设备的软硬件解耦、网络系统的控制面与转发面解耦，从而提高网络的可编程性。SDN 架构的核心优势在于以系统全息信息为依据制定网络转发策略，实现网络管控模式从设备层面到系统层面的转变，提供统一的网络自动化运维配置和控制接口，从而能够更好地支撑和承载云计算业务。

具体来说，SDN 技术的演进方向可以表现为有更好的南向协同器适配设计，实现物理网络向逻辑网络的转化，以及实现物理网络资源统一的服务能力抽象，对不同厂商设备和模型进行解耦协同，并在此基础上实现网络统一的业务编排及业务的模块化设计。北向接口逐步实现接口的规范化和接口调用流程的协调。

在网络的传送技术方面，承载新型业务的过程中也逐渐显露出一些短板，目前，基于源路由信息且仅在网络边缘维护状态的分段路由（Segmented Routing，SR）技术，成为众多传送技术中的新宠，尤其适合超大规模的SDN 部署场景。在初始设计中，SR 数据平面的实现方式有 SR-MPLS 和 SRv6 两种，如果简单地认为 SR-MPLS 是下一代的多协议标签交换（Multi Protocol Label Switchin，MPLS），则 SRv6 开启了网络即计算机的运营网络的全新方式。在 X86 体系中，程序最终通过 X86 的 CPU 指令来操控服务器；而在 SRv6 体系中，SDN 通过 SRv6 Segment 来操控网络，如图 2-2 所示。难得的是，SRv6 技术在简化传统网络的同时，可以与传统网络无缝对接，其可编程能力又能和 SDN 技术完美融合，二者相互促进，在推动云计算的发展进程中将发挥至关重要的作用。

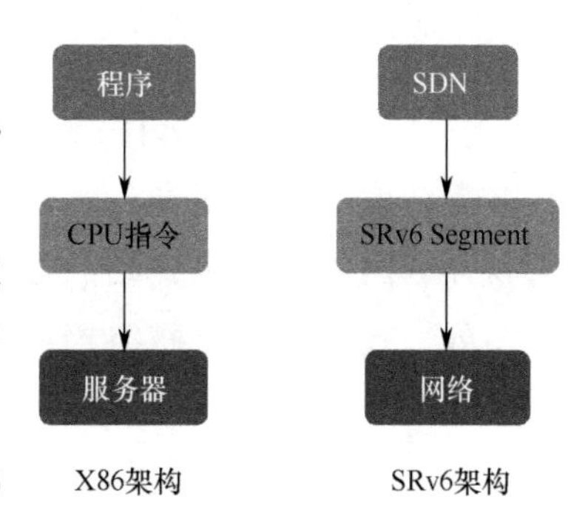

图 2-2　网络即计算机

（2）核心网的云化及云原生的网络。5G 时代的核心网既是对传统移动互联网服务能力的升级，也是向产业互联网迈进时不可或缺的关键一环，需要建立在集开放、可靠、高效、简约、智能于一体的云化 NFV 平台上，并基于 NFV 平台解耦技术、容器技术、网络切片技术等完成 4G 核心网功能升级、核心网功能虚拟化、分布式云网建设、5G 核心网及配套设施建设等工作。2020 年之后，随着云平台灵活部署和快速迭代的优势，运营商能够有效保障持续上线的新功能和新任务，促进 4G/5G 融合，向着网络全面智能化运营的目标迈进。

另外，随着容器等轻量级高效率虚拟化技术的兴起与微服务理念的普及，云计算正向云原生的方向发展。云原生，从广义上讲，是更好地构建云平台与云应用的一整套新型的设计理念与方法论；而从狭义上讲，则是以 Docker 容器和 K8S 为支撑的云原生技术，正在革新整个 IT 架构。其理想的应用场景：首先是通过构建 IT 能力中台，下沉共享能力，以提高应用开发和部署效率；其次是运维能力，具体包括基础设施的弹性扩缩容、高可用、应用平滑迁移、灰度发布等。随着云类型的增多及其复杂性的增加，用户对多云管理和云管平台的需求也会愈加旺盛，其蓬勃发展必将使其更好地服务于网络建设。

（3）引入 AI 的云网融合技术。随着网络业务多样性的日益丰富及网络复杂度的不断提升，运维成本也逐渐攀升，传统移动网络在运维方面与互联网的差距也开始凸显，为了更好地支撑网络向云化、智能化方向发展，就需要建立网络极简、网络智能、业务敏捷、架构开放的运营体系。

目前，人工智能（Artificial Intelligence，AI）的可应用范围涵盖以下几个方面：

① 网络规划方面。通过 AI 技术可实现智能洞察、智能规划、流量预测等功能。

② 网络建设方面。AI 可用来实现网络的自动部署开通、基于场景的覆盖评估等需求。

③ 网络运维方面。AI 可以助力完成云核心网基于规则的网络故障自恢复、设备节能、图像识别工程参数等工作。

④ 网络优化方面。引入 AI 能够从自动覆盖问题检查、基于关键性能指标（Key Performance Indicator，KPI）数据的网元异常智能预警、基于场景的参数智能优化等角度着手提升用户体验。未来，相信 AI 技术的不断成熟能够带给网络更多惊喜。

此外，反观 AI 同网络的关系，不难看出，AI 的长远发展离不开网络的支撑。过去，AI 必须依靠强大的云端计算能力来进行数据分析与算法的运作。随着芯片能力的不断提升，边缘计算平台也日趋成熟，云边协同技术在降低项目成本的同时也能够赋予 AI 更强的能力。

算法、算力和数据并称为 AI 的三大要素。算法可以通过科学家的研究开发来实现；算力可以通过构建高效的交易平台、优化算力路由等方式充分发掘其潜在价值，可为 AI 训练所需要的大规模并行计算保驾护航；就数据而言，为了在存储、安全、清洗标注、防造假等方面得到全方位的保障，区块链技术的应用将是很好的技术途径。

展望未来，算力网络和区块链将提供更先进的方法来优化 AI 系统，以进一步增强业务。伴随着 AI 的快速发展，高效算力成为支撑智能化社会发展的关键要素，并开始在各行各业渗透。算力网络作为一种新型网络架构逐渐被业界认可，并有可能成为网络演进的新方向。

2.2 算力网络的定义与内涵

数字化、智能化正在加快推动计算产业的创新。数字化浪潮正在改变着世界经济格局。据 IDC 预测，2023 年全球 GDP 的 62%会是数字经济产值。世界各主要经济体纷纷通过国家战略来抢占数字经济产业链的制高点，如美国的《国家网络战略》、德国的《高技术战略 2025》、日本的《制造业白皮书》等。近年来，中国政府相继出台《国家信息化发展战略纲要》《“十三五”国家信息化规划》等重大战略纲领，明确“数字中国”建设发展的路线图和时间表，全面推进国民经济各行各业的数字化和智能化。IDC 预测，到 2023 年，中国数字经济产值将占到 GDP 的 67%，超过全球平均水平。

2018 年以来，中国提出一系列加快 5G 商用步伐，加强人工智能、工业互联网、物联网等新型基础设施建设的政策性建议，“新基建”的概念由此产生，其内涵在 2019 年以来的多个政府报告中均有论述。2020 年 4 月，国家发展和改革委员会首次对新基建的具体含义进行了阐述，如图 2-3 所示，在信息基础设施部分，主要指基于新一代信息技术演化生成的基础设施，例如，以 5G、物联网、工业互联网、卫星互联网为代表的通信网络基础设施，以人工智能、云计算、区块链等为代表的新技术基础设施，以数据中心、智能计算中心为代表的算力基础设施等。

信息基础设施

主要指基于新一代信息技术演化生成的基础设施

- 以5G、物联网、工业互联网、卫星互联网为代表的通信网络基础设施
- 以工智能、云计算、区块链等为代表的新技术基础设施
- 以数据中心、智能计算中心为代表的算力基础设施等

创新基础设施

主要指支撑科学研究、技术开发、产品研制的具有公益属性的基础设施

- 重大科技基础设施、科教基础设施、产业技术创新基础设施等

融合基础设施

主要指深度应用互联网、大数据、人工智能等技术，支撑传统基础设施转型升级，进而形成的融合基础设施

- 智能交通基础设施、智慧能源基础设施等

图 2-3　新型基础设施

2.2.1 云、边、端算力资源多级分布

随着全球数据总量的持续增长，预计 2025 年数据总量将达到 163 ZB，并将以年复合增长率为 20%的速度持续增长，其中绝大多数来自亚太（约 40%）、美（约 25%）和欧洲（约 15%）地区。全球数据中心安装服务器数量已超过 6200 万台，年增长约 4%；智能终端（包含手机/M2M/PC 等）年复合增长率约为 10%。由于物理因素的约束，单芯片在 5 nm 之后将接近摩尔定律的极限，传统集约化的数据中心算力和智能终端算力可增长的空间将面临极大挑战，中心化的云计算无法满足部分低时延、大带宽、低传输成本的场景，如智慧安防、自动驾驶等的需要。在数据持续增长的机器智能时代，目前终端和数据中心两级处理已经无法满足算力需求，算力必然会从云和端向网络边缘进行扩散。边缘计算（Multi-access Edge Computing，MEC）要求网络连接从对业务无感知的私有网络向感知用户业务需求、为数据和算力服务之间建立按需连接的开放型网络发展，这也是未来云网技术的重要演进趋势，如图 2-4 所示。

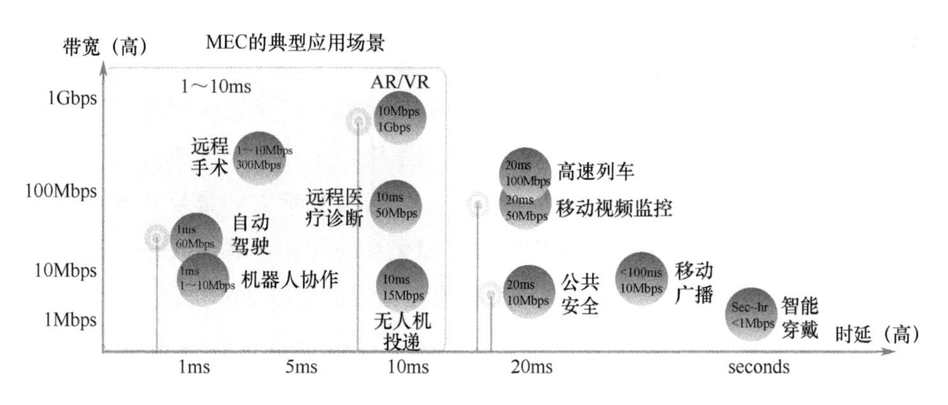

图 2-4 边缘计算的典型应用场景

支撑未来数据处理的算力将会出现三级架构：终端、边缘和云数据中心。边缘处理能力在未来几年将高速增长，尤其是随着 5G 网络的全面建成，其大带宽和低时延的特征，将加速算力需求从端、云向边缘扩散，如图 2-5 所示。边缘计算与云计算互相协同，共同使能行业数字化转型。云计

算聚焦非实时、长周期数据的大数据分析，能够在周期性维护、业务决策支撑等领域发挥特长。边缘计算聚焦实时、短周期数据的分析，能更好地支撑本地业务的实时智能化处理与执行。有研究表明，将计算部署在边缘端后，计算、存储、网络成本可节省 30%以上。

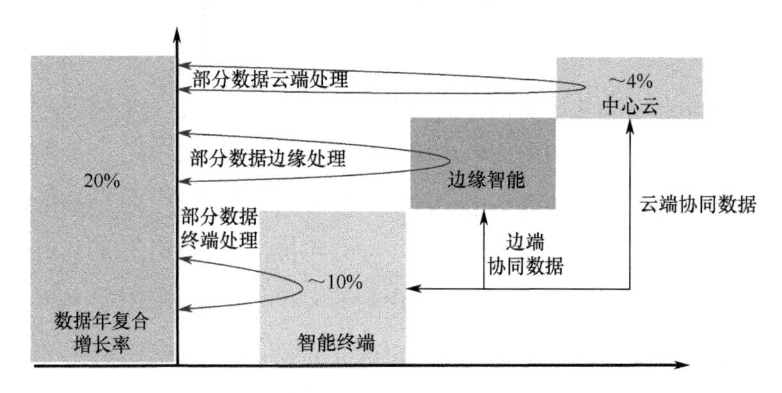

图 2-5　云、边、端三级算力架构

为满足现场级业务的计算需求，网络中的计算能力将进一步下沉，目前已经出现以移动设备和 IoT 设备为主的端侧计算架构。在未来计算需求持续增加的情况下，虽然网络化的计算有效补充了单设备无法满足的大部分算力需求，但仍然有部分计算任务受不同类型网络带宽及时延限制，且不同的计算任务也需要由合适的计算单元承接，因此未来形成“云、边、端”三级异构计算部署方案是必然趋势，即云端负责大体量复杂计算、边缘端负责简单计算和执行、终端负责感知交互的泛在计算模式，也必将形成一个集中和分散的统一协同泛在计算能力框架，如图 2-6 所示。

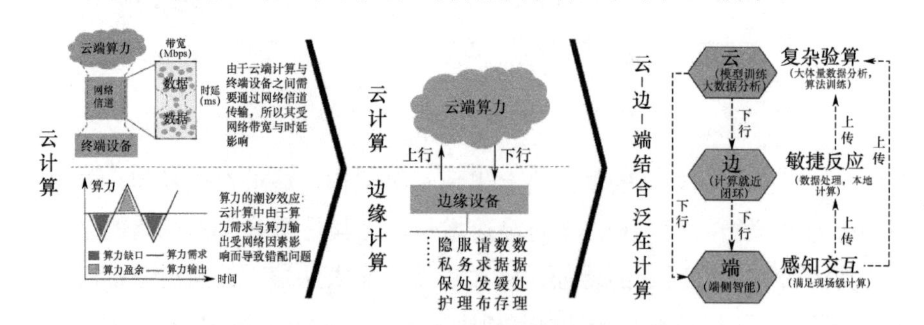

图 2-6　将由云计算和边缘计算走向泛在计算

2.2.2 算力网络的服务模式

结合未来计算形态云、边、端泛在分布的趋势可以看出，新一代信息网络正在从以信息传递为核心的网络基础设施，向融合计算、存储、传送资源的智能化云网基础设施发生转变。算力网络正是为应对这种转变而提出的新型网络架构。算力网络基于无处不在的网络连接，将动态分布的计算与存储资源互联，通过网络、存储、算力等多维度资源的统一协同调度，使海量的应用能够按需、实时调用泛在分布的计算资源，实现连接和算力在网络的全局优化，提供一致的用户体验。

从算力网络的商业模式看，算力提供者、网络运营者、服务提供者和服务使用者均会引入多方参与，而电信运营商结合 5G 无线接入网、IP 承载网和光纤骨干网的优势，在连接算力的网络运营领域有望继续占据主导地位。虽然，在 5G 时代"连接+计算"的经营模式还存在不确定性，但概括起来将会以下列三种方式并存。

（1）强管道模式：以管道模式为代表的流量经营，是电信运营商十分熟悉也是目前开展最广泛的业务形式。由于多年的积累，国内三大运营商相较其他业务运营主体，均有较为优质的管线、光纤、IDC 机房、接入局站等资源。在 3G/4G 时代，CDN 及 IDC 的经营模式也被运营商所大量尝试，但是事实证明，这种售卖底层基础资源的方式，业务附加值低，商业前景比较黯淡，并且如果网络在云网价值链中的比例过低，最终不利于整个产业的发展。因此，在 5G 时代，电信运营商对基础资源的售卖变得更加谨慎，希望基础资源结合其他合适的业务方式，提供更高的业务附加值以增加销售收入。

（2）强平台模式：互联网和移动互联网的巨大成功见证了平台模式的崛起，随着应用上云进程的不断加快，以亚马逊、微软、阿里巴巴、腾讯等为代表的国际国内互联网公司都在云计算领域全力投入，并积极布局边缘云市场与服务。根据中国信息通信研究院预测，从长远来看，边缘市场规模将超万亿，有望成为与云计算平分秋色的新兴市场，广阔的市场空间将给整个云计算和边缘计算产业带来无限的想象空间和崭新的发展机遇。在云服务方面，国内三大运营商也进行了积极布局，均在打造自身公有云、电信云平台基础上，结合边缘的网络覆盖优势投身 MEC 平台研发、边缘业务服务、专网能力建设等领域，同时也应该看到，由于技术背景、管理模式、运营思路等方面的差异，未来电信运营商主导的云平台与互联网公司的云平台、行业云平台将会长期并存，谁将在“连接+计算”的一体化服务场景中取得优势还难有定论。

（3）强网络模式：在上述两种模式之外，算力网络的提出为电信运营商提供了另一种可能，即结合 IPv6+等数据通信新技术，以及网络的可编程特性和云原生轻量化的计算特性，通过弱平台+强网络的方式，在平台的集中控制之余，更多地尝试通过网络的分布式协同来实现对网内各种服务的合理调度和资源的有效配置，如图 2-7 所示。可以设想这样的一个场景：甲公司（B 端）开发的车辆智能网联服务分布在全国各地，并且可以架设在多个云平台上（含边缘云），委托电信运营商帮其销售和运营；乙公司作为交通行业企业，在路侧有大量局房等基础资源，并且在国家新基建政策引导下建设了大量算力基础设施；用户丙（C 端）通过电信运营商的算力网络接入，获得甲公司架构在乙公司基础设施之上的智能网联服务，并且这种服务可以分布在各地，通过算力网络以服务链的方式串接起来。更进一步，甲公司（B 端）服务持续迭代开发所需要的软件工具等资源，也可以通过电信运营商的算力网络寻找合适的第三方云服务获得。

以上商业模式的形成，并不依赖特定形式的云平台，而是可以充分发挥新基建时代边缘基础设施和分布式边缘云的优势，并结合 IPv6+技术拉通端、管、云的实现统一的网络配置，通过网络可编程的方式实现业务的智能调度。

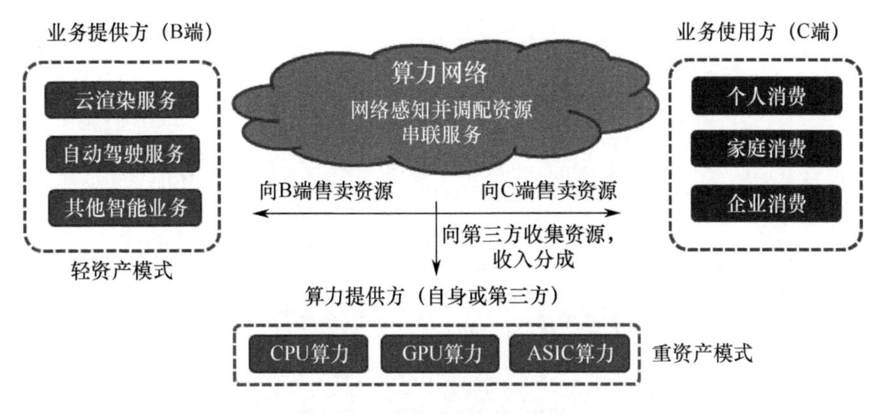

图 2-7　算力网络的商业模式

目前来看，我国信息通信行业对“5G+云+AI”的探索处于世界领先水平，这些带动了全网的算力密集分布、快速下沉，并且逐步实现联网服务。直至目前为止，算力网络的愿景已在业界得到广泛认可，算力网络在标准制定、生态建设、试验验证等领域均取得了一定进展，并且作为我国的一项原创成果，开始走向国际舞台。

2.3　算力网络与云网融合的关系

云网融合是近年来电信运营商一直在践行的理念，SDN/NFV 是云网融合最重要的技术支撑。从运营商多年来云网融合的实践中可以看出，目前 SDN 已经实现了云和网的拉通，特别是云网之间的连接达到专线级别，NFV 技术也助力运营商实现了核心网功能的全面云化。但是也应该看到，目前 SDN 与 NFV 的部署一般相互独立，自成体系。结合 5G、泛在计算与 AI 的发展趋势，如图 2-8 所示，以算力网络为代表的云网融合 2.0 时代正在快速到来。云网融合 2.0 是在继承云网融合 1.0 工作的基础上，强调结合未来业务形态变化，在云、网、芯三个层面持续推进研发，结合“应用部署匹配计算、网络转发感知计算、芯片能力增强计算”的要求，在 SDN 和 NFV 自身持续发展之外，实现 SDN 和 NFV 的深度协同，服务算力网络时代的各种新业态。

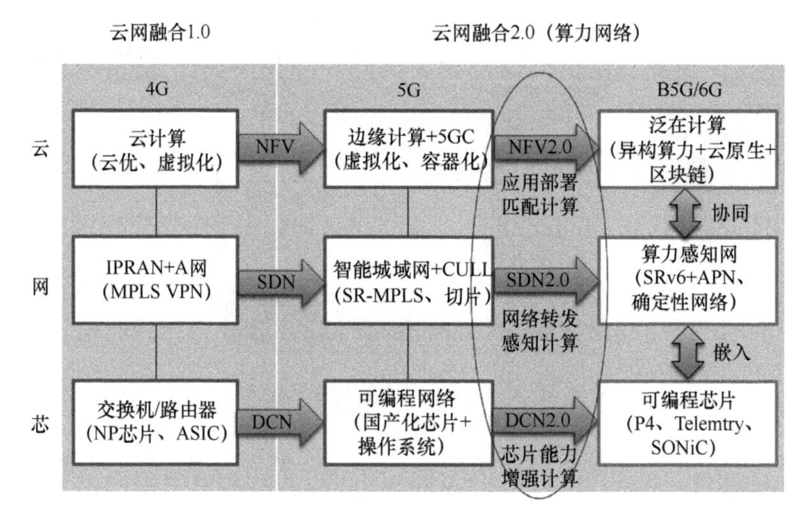

图 2-8　算力网络为云网融合 2.0 提供技术支撑

下面对云网融合 2.0 时代的不同技术层面进行阐述。

NFV2.0：全面引入云原生技术，实现业务逻辑和底层资源的完全解耦，极大释放业务开发者的活力，并在对虚拟资源实现编排管理的基础上，向容器编排和算力编排演进；结合新基建背景下社会中多产权主体可提供多种异构算力的情况，实现对泛在计算能力的统一纳管和去中心化的算力交易。

SDN2.0：以承载网 SRv6 技术为底座，在网络切片能力的基础上，引入感知业务的各类 AppAware 技术。面向高质量算力服务要求，引入包括无损网络，二层、三层低时延低抖动等技术，对特定业务打造确定性承载网。积极推动 IPv6+技术在端、管、云的全面拉通，并在网络控制层实现集中+分布的有机协同。

DCN2.0：持续拥抱开源产业，探索开源或开放性操作系统在云数据中心的引入方式，如 SONiC、Dent 等业界熟知的开源系统。探索基于可编程能力的交换机或智能网卡架构的数据转发面实现方式和部署场景。对无损网络等技术在边缘数据中心的引入方案进行研究，并增强对网络的随路感知和测量能力。

SDN+NFV 协同：云数据中心内部 SDN/NFV 的协同管控，云/边数据中心与承载网的业务协同分发和调整方案，按照算网一体的要求，在数据中心内外网络架构、网关设备、运维管理、管控优化等层面加强协同与融合。

新业态：积极探索算力网络时代的新型业务形态与应用场景，推动试点工作，以适应未来云游戏、千人千面直播、自动驾驶、智能安防与工业机器视觉等强算力与强交互业务需求。

2.4 算力网络产业化进程

算力网络技术已成为具有重要应用潜力的新兴研究方向，自提出以来获得了业界的广泛关注，运营商、设备商等纷纷投入算力网络的研究工作中，两年多时间里，已在标准制定、生态建设及产业活动方面取得了一系列成果。

在标准制定方面，国内外都已开展广泛工作。国内的相关立项主要集中在中国通信标准化协会（China Communications Standards Association，CCSA）。2020 年，中国移动牵头了 TC1-WG5 下的“泛在计算的需求与架构”，中国电信牵头了 TC3-WG1 下的“算力网络的需求与架构”，中国联通牵头了 TC1-WG2 下的“面向业务体验的算力需求量化与建模研究”、TC3-WG1 下的“电信网络的确定性 IP 网络——面向汇聚层边缘云的技术要求”，并已完成撰写行业报告“面向业务体验的算力度量与建模”，各项研究工作都处于有序进展状态。2021 年，算力网络总体技术要求、路由协议要求、标识解析技术要求等系列标准在 TC3-WG1 新立项并有序开展研究。面向未来 6G 时代，算力网络已经成为国内 IMT-2030 6G 网络组的研究课题之一，各研究组织均在开展算力网络与 6G 通信技术的融合研究。国际标准方面，中国联通、中国电信和中国移动分别在 ITU-T SG11、SG13 组立项了 Y.CPN，Y.CAN 和 Q.CPN 等系列标准；在 IETF 开展了 Computing First Network Scenarios and Requirements 等系列研究，中国移动和华为提交了文稿“Framework of Compute First Networking”和“A Report on Compute First Networking Field Trial”，中国联通提交了文稿“Networking and Computing Metrics”；华为联合国内运营商在欧洲电信标准协会（European Telecommunications Standards Institute，ETSI）和宽带论坛（Broadband Forum，BBF）也启动了包括 NWI、城域算网在内的多个项目。

在生态建设方面，国内未来数据网络研究的重要组织——网络 5.0 产业联盟，专门成立了“算力网络特设工作组”，MEC 领域的多个开源组织也发起了 KubeEdge、Edge-Gallery 等开源项目。2019 年 11 月，中国联通公司发布了业界首部《算力网络白皮书》，系统阐述了在计算与网络发展紧密结合、技术相互促进、产业协同合作的背景下，中国联通公司对于未来算力业务形态、平台经营方式、算网关键技术及主要应用场景方面的观点。同年 12 月，中国移动研究院发布了《算力感知网络技术白皮书》，向业界介绍了算力感知网络（Computing Aware Networking，CAN）的背景与需求、体系架构、关键技术、部署应用场景及关键技术验证等内容。2020 年 10 月，中国联通发布了《算力网络架构与技术体系白皮书》。在《算力网络白皮书》的基础上，结合新基建等最新政策导向与 IPv6+时代可能的商业模式创新，阐述了中国联通算力网络架构设计、功能模型、层间接口与各功能层的关键技术，并结合若干场景对算力网络的应用和部署方式进行了展望。2020 年 11 月底，中国联通率先成立“中国联通算力网络产业技术联盟”，作为首个运营商牵头的算力网络研究组织，结合自身业务发展，对相关先进网络协议的制定提出了明确需求。

在产业活动方面，2019 年中国电信与中国移动均已完成算力网络领域的实验室原型验证，并在全球移动通信系统协会（Groupe Special Mobile Association，GSMA）巴塞罗那展、ITU-T 和 GNTC 相关展会上发布成果。中国联通研发的算力网络服务平台也在积极推进试点工作。边缘计算产业联盟（Edge Computing Consortium，ECC）与网络 5.0 联盟联合成立了边缘计算网络基础设施联合工作组（Edge Computing Network Infrastructure，ECNI），旨在凝聚共识，结合网络 5.0 技术，构建边缘计算网络基础设施技术体系，推进边缘计算产业健康持续发展。为识别、解释和定位与边缘计算相关的网络技术体系，ECNI 于 2019 年年底发布了《运营商边缘计算网络技术白皮书》。特别值得一提的是，2021 年 3 月，中国联通正式对外发布了 CUBE-Net3.0 网络技术体系，以及《云网融合向算网一体技术演进白皮书》，算网一体与云光一体、确定性服务、云网大脑一起成为中国联通未来的重要技术研究方向，算力网络则是支撑算网一体实现的技术抓手。在该白皮书中，中国联通正式提出了夯实云网融合，迈向算网一体的指导思想和实施路径，并结合近年来的探索实践进行了系统介绍。

本章参考文献

[1] 网络 5.0 技术白皮书[R]. 网络 5.0 产业和技术创新联盟，2019.

[2] 中国联通算力网络白皮书[R]. 2019.

[3] 中国移动算力感知网络技术白皮书[R]. 2019.

[4] 雷波，刘增义，王旭亮，等. 基于云、网、边融合的边缘计算新方案：算力网络[J]. 电信科学，2019, 035（9）:44-51.

[5] 5G 时代的边缘计算：中国的技术和市场发展[R]. 全球移动通信系统协会（GSMA），2020.

[6] 运营商边缘计算网络技术白皮书[R]. 边缘计算网络产业联盟（ECNI），2019.

[7] 何涛，曹畅，唐雄燕，等. 面向 6G 需求的算力网络技术[J]. 移动通信，2020（6）.

[8] ITU-T. Draft Recommendation ITU-T Y. CPN-arch: Framework and architecture of computing power network [R].

[9] ITU-T. Draft Recommendation ITU-T Q. CPN: Signaling requirement of computing power network [R].

[10] CCSA. 算力网络需求与架构（征求意见稿）[R]，CCSA TC3 WG1 制定.

[11] CCSA. 面向业务体验的算力需求量化与建模研究（征求意见稿）[R]，CCSA TC1

WG2 制定.

[12] IETF. Framework of Compute First Networking（CFN）draft-li-rtgwg-cfn-framework-00 [R].

[13] IETF. draft-zhang-apn-acceleration-usecase-00[R].

[14] BBF. WT-466: Metro Computing Network（MCN）[R].

[15] ETSI NFV ISG.NFV support for network function connectivity extensions[R].

第 3 章

算力网络架构与技术体系

算力网络基于无处不在的网络连接，将动态分布的计算与存储资源互联，通过网络、存储、算力等多维度资源的统一协同调度，使海量的应用能够按需、实时调用泛在分布的计算资源，实现连接和算力在网络的全局优化，提供一致的用户体验。本章围绕算力网络的核心技术内涵，对其网络架构、层间接口，以及包括控制、转发、编排调度、资源建模、服务与交易等技术要点组成的技术体系进行阐述，最后指出算力网络和现有网络的关系。

3.1 算力网络架构

算力网络的技术组成主要包括控制面的算网协同调度、数据面的网络融合感知、管理和服务面的算力资源编排等。算力网络体系的整体架构应该具备统一纳管底层计算资源、存储资源、网络资源的能力，并能够将底层基础设施资源以统一的标准进行度量，抽象为信息要素加载在网络报文中，通过网络进行共享。在目前的算力网络体系中，还应考虑面向用户提供直观化的组件和服务能力，通过服务层与底层资源和网络接口之间的打通，实现编排、调度、应用中的可视化。

如图 3-1 所示，基于算力网络体系架构中各模块功能的分类，以及各模块之间的关系，可将算力网络按功能层次进行划分，大致可分为服务提供层、服务编排层、网络控制层、算力管理层、算力资源层和网络转发层。各功能层的详细描述如下：

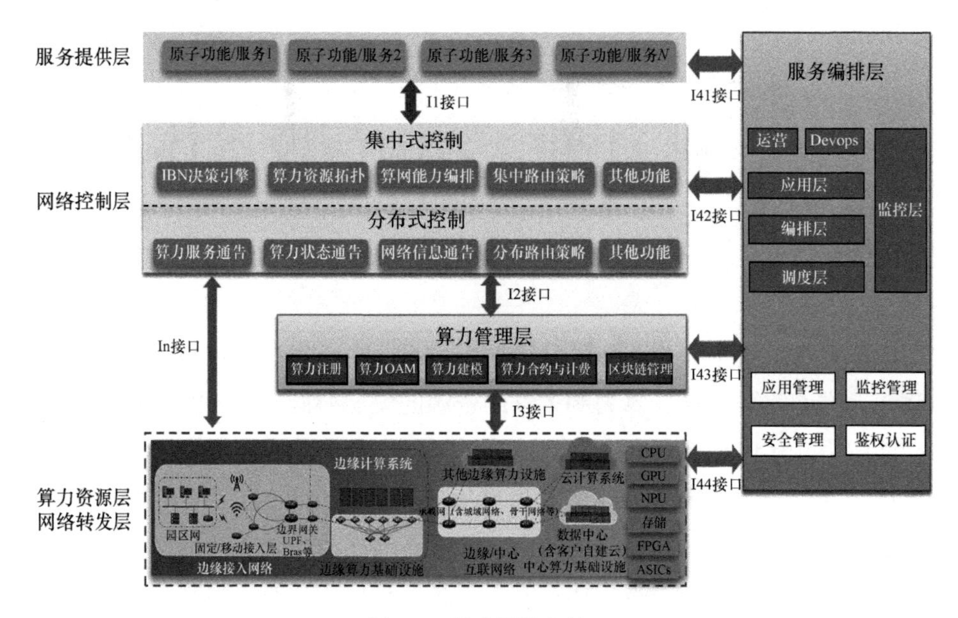

图 3-1　算力网络架构

1. 服务提供层

服务提供层主要实现面向用户的服务能力开放，用户可以通过服务编排层调用平台的原子功能及服务，如负载分担、AI 算法等。服务提供层通过北向接口与用户的业务服务打通，用户可以在自身的应用中定义业务、服务，而对于业务、服务中需要用到的一些功能和算法，直接交付给服务提供层来完成，服务提供层将处理之后的结果返回给用户。用户对于服务提供层的功能管理，需要通过服务编排层来间接实现，但是对于原子功能的调用则直接通过与服务提供层的接口实现。

服务提供层通过南向的接口从网络控制层获取算力资源及网络资源信息，供本层的信息处理使用，并在对用户返回信息的同时，将处理完成的中间数据或其他必要的信息交付给网络控制层使用，如图 3-2 所示。

2. 服务编排层

服务编排层负责对虚机、容器、网络等服务资源的监控、纳管、调度、配给和全生命周期管理。服务编排层在整个算力网络架构中的作用相当于一个中央控制器，通过与各层之间的接口将编排调度指令下发，并获取返回的信息，再将信息回传给用户，如图 3-3 所示。

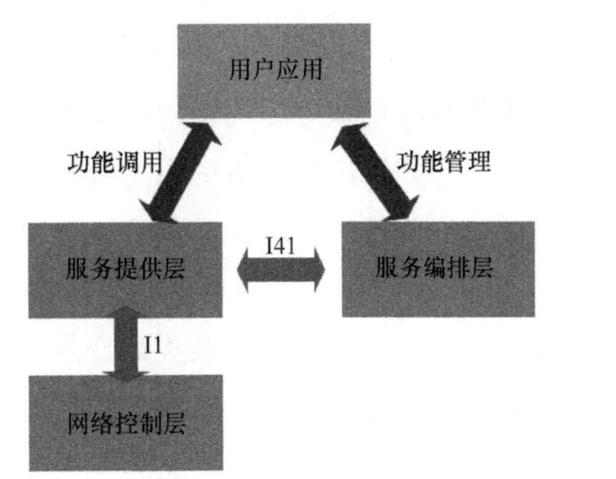

图 3-2 服务提供层功能关系图

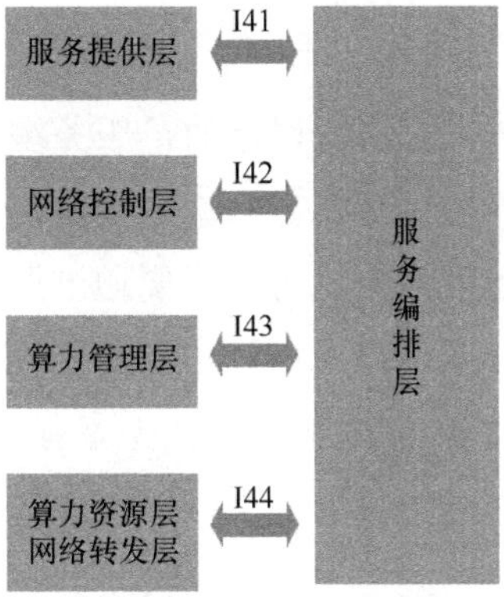

图 3-3 服务编排层功能关系图

在资源协同方面，服务编排层会保存目前的资源状态，包括计算资源、网络资源等，在资源状态本身发生变化的时候，服务编排层能获取到相应的信息，并更新本地的资源状态；在用户对于资源的需求发生变化时，服务编排层会根据当时的资源状态情况进行动态配给，以保证用户对于算力资源的使用；在底层资源由于故障等原因发生变化的时候，服务编排层也会根据资源的情况进行实时变更。

在资源管理方面，服务编排层需要算力资源层及网络转发层的信息支持，并负责资源从产生到消亡的生命周期管理，上层对于计算资源和网络资源的使用，只能通过服务编排层进行，而不能采取传统的方式通过操作系统或命令行来直接配置。

在流程管理方面，服务编排层对于应用服务的管理具备 DevOps 体系管理思想，其促进了 IT、CT、OT 技术人员之间的沟通。用户对于服务提供层的原子功能或服务的需求，从服务编排层作为入口，计算资源和网络资源的提供通过服务编排层作为出口，同时，对于各类资源和服务的监控及管理也可以通过服务编排层实现，从而实现整个算力网络系统的正常运营。在将来算力网络的发展中会出现将算力作为一种商品进行交易的平台，称之为算力交易平台，服务编排层在交易平台的算力买卖和基于算力交易的应用开发功能中，也需要具备算力的流转及基于算力的应用部署流程管控的能力。

在安全管理方面，服务编排层应具备对用户和资源的鉴权认证能力，用户能否对算力网络系统实现能力调用，计算资源及网络资源能否加入资源池供用户使用，需要通过服务编排层的安全确认。此外，服务编排层还能够实现对用户及资源的优先级划分，例如，通过鉴权认证功能，允许具备 VIP 权限的用户优先享有对算力资源的使用，或者对于某类用户具备高优先级的算力资源，能够优先被该类用户所使用，而对于未通过鉴权认证的用户或资源，可以禁止其在算力网络中完成功能交互或只能实现有限的功能交互。

3. 网络控制层

网络控制层主要通过网络控制平面实现算力信息资源在网络中的关联、分发、寻址、调配、优化等功能。网络控制层在整个算力网络中起到承上启下的作用，它既负责将底层的资源信息进行搜集、分发，又负责为上层提供网络服务，同时当服务编排层需要网络控制层的信息交互时，能够实时交付最新的网络状态信息及全局的算力信息，如图 3-4 所示。

网络控制层在具体的实现上可以有集中式控制和分布式控制两种方式：前者的特点在于信息的集中管理与控制，根据完整信息所做出的决策不易出错，但达到信息完整的时间更长，做出的决策不够及时；后者的特点在于决策的速度快，时延小，在网络变化频繁时的时效性高，但在大规模网络中，信息的传播时延可能会导致某个瞬间网络中各设备做出的决策不同步。总体而言，在目前的算力网络系统中，可以根据网络及所需要管理的资源规模来综合选择具体的实现方式。

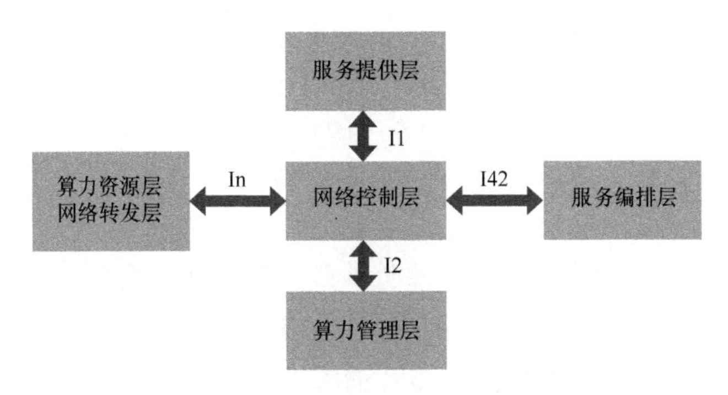

图 3-4　网络控制层功能关系图

算力信息来自算力资源层，需要关联到网络层并进行传播，网络协议报文作为信息的载体，可根据算力信息资源建模后的度量值，定义新的链路状态数据报文（如 OSPF 协议）或采取 TLV 的方式（如 ISIS 协议）加载在原有的协议报文中，从而完成算力信息与网络层的关联。

在完成算力信息的关联后，网络控制层需要在全网实现算力信息的同步，由于算力信息承载在网络协议报文中，所以算力信息的同步必须在网络协议的邻居建立后完成。因此，算力信息的变化不仅会因为自身资源的改变而变化，也会随着网络邻居状态的改变而变化，这种变化也需要通过网络协议报文的分发而实现全网同步。网络层中常用的协议有 IGP 协议（包括 RIP、OSPF、ISIS、EIGRP 等）和 BGP 协议，其中 IGP 协议负责自治系统内的网络信息同步，BGP 协议负责自治系统间的网络信息同步。算力信息要实现自治系统内及自治系统间的同步，就需要对 IGP 协议及 BGP 协议进行扩展，具体的实现细节目前在 IETF 尚处于研究阶段。

算力信息的关联与全网信息同步，最终的目的是实现基于算力的网络路径选择、调配与优化。传统的网络协议根据链路的开销进行最短路径树计算，从而得出到目的节点的最优路径，而算力网络通过基于算力信息的网络路径计算来完成最优路径的选择，例如，当某种视频应用所需要的计算能力来自 GPU，算力网络会根据网络中的 GPU 算力信息来指导路径的计算，即使用户到某个 CPU 资源的链路开销更少，也不会对其进行选择。当网络中算力信息发生变化时，算力网络路径的改变会随着全网信息的更新发生改变，如果需要实现负载分担功能，在网络控制层也能够完成，并且其相对应用层实现的负载分担具备效率高、延迟低的特点。

4．算力管理层

算力管理层，顾名思义是主要负责算力管理的功能层，包括负责异构算力资源的注册、建模，以及为上层算力的交易行为提供支撑等功能，如图 3-5 所示。异构算力资源从芯片的专业领域上划分，可分为 CPU、GPU、NPU 等，中央处理单元（Central Processing Unit，CPU）用于处理一般的计算，图形处理单元（Graphics Processing Unit，GPU）专门用于处理图像计算，神经网络处理单元（Neural Network Processing Unit，NPU）主要用于加速处理神经网络相关计算等，这些不同类型的算力资源要通过网络控制层发布出去，需要在算力管理层进行注册，所谓注册就是如何使网络层能够感知到算力资源并进行合适量化。另外，如何合理调度不同类型的处理器资源，使它们能够处理到最适合自身的任务，需要通过算力管理层来统一建模，再结合网络控制层的调度，从而完成异构算力资源的各司其职，物尽其用。

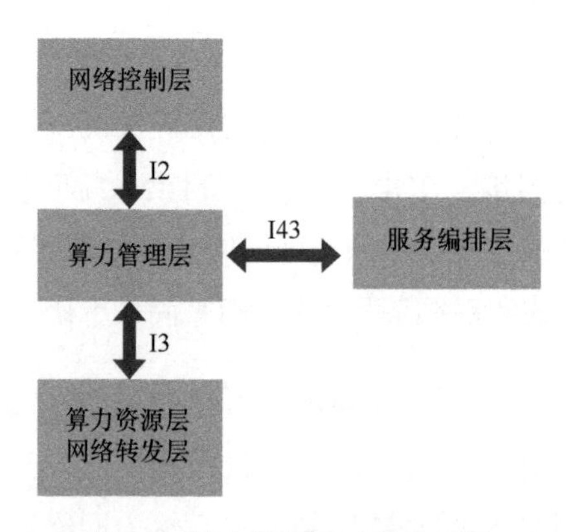

图 3-5　算力管理层功能关系图

算力管理层还需要负责支撑算力的交易行为，算力网络中的算力服务与交易依托区块链的去中心化、低成本、保护隐私的可信算力交易平台，算力管理层负责区块链功能的管理。当算力使用者需要使用算力时，通过算力交易平台在算力管理层进行合约的签订与计费，记录在区块链中，并完成分布式保存。因此，算力管理层在整个算力网络中是一个分布式部署的架构，在算力交易过程中，算力的贡献者与算力的使用者分离，通过可拓展的区块链技术和容器技术，整合算力贡献者的零散算力，为算力使用者提供经济、高效、去中心化的算力服务。

5. 算力资源层和网络转发层

算力资源层和网络转发层在算力网络中以算网一体的方式合并设置，并需要结合网络中计算处理能力与网络转发能力的实际情况和应用效能，实现各类计算、存储资源的高质量传递和流动，如图 3-6 所示。

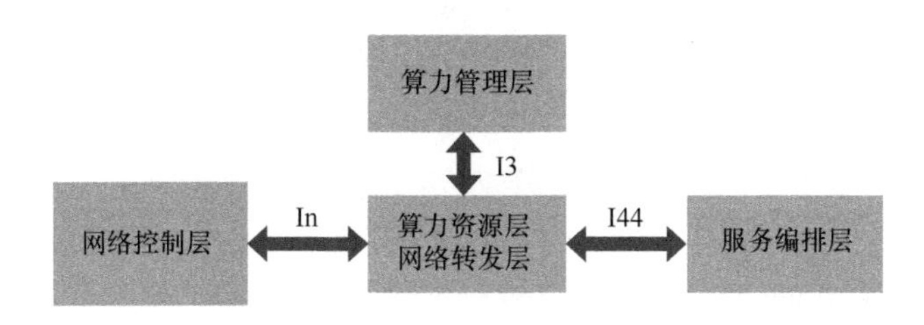

图 3-6 算力资源层/网络转发层功能关系图

算力资源层负责维护各类异构算力资源，狭义上包括 CPU、GPU、NPU 等以计算能力为主的处理器，广义上包括具备存储能力的各类独立存储或分布式存储，以及通过操作系统逻辑化的各种具备数据处理能力的设备。从设备层面来看，算力资源层不仅包含服务器、存储等常用的数据中心计算设备，在未来万物互联的场景中还包括汽车、手持终端、无人机等可以提供算力的端侧设备。

网络转发层属于 SDN 网络架构中的数据平面，负责各类网络设备的部署，通过安装网络控制层下发的转发表项来指导数据报文的转发。

算力资源和网络转发层属于资源层面，本身只负责算力资源和网络设备的集合，以及负责各类设备物理架构上的整合，而对于资源和设备的管理及应用，需要通过算力管理层和服务编排层来指导，在整个算力网络系统中作为基础设施层面发挥作用。

在算力网络架构中，网络控制层与服务编排层最大限度地兼容目前产业已实现的和规划中的 SDN 与 NFV 技术路线，并保持 SDN 与 NFV 两者各自的发展方向不变。在此基础上，通过 I42 接口，拉通网络控制与服务编排之间的能力，实现 SDN 与 NFV 的协同，并将 Fabric 网络架构由数据中心内向广域网延伸，达到 Metro Fabric 的目标架构。同时，在整个架构中引入算力管理层，主要解决对异构算力资源的管理、建模和交易等功能，使网络算力信息通过算力管理层与网络控制层进行互通。算力管理层通过 I43 接口与服务编排层交互虚拟机、容器等虚拟资源信息，实现在硬件计算资源上的部署方式。网络转发层与算力资源层在本架构中合并描述，以体现未来网络发展中算网一体的发展趋势。

在算力网络架构中，还实现了算力资源提供者、算力服务提供者和算力服务消费者的个性化针对性服务。算力资源提供者主要通过算力管理层的能力开放，算力服务提供者和算力服务消费者主要通过服务编排层和服务提供层的能力开放。面向具体业务的提供者和消费者，算力网络可提供云化资源，面向算力资源的提供者和消费者，通过构建算力管理层，使算力网络能够满足算力共享与算力交易需求，并对算力实现更精细化的调控。

此外，在算力网络中，网络能力以 SRv6 为底座，兼容 SR-BE 和 SR-TE 两种模式，主要依赖基于网络分布式的可编程能力。业务能力以云原生为底座，兼容虚拟化等其他模式，并向云化资源统一管控、服务治理 Mesh 化和应用服务 Serverless 化演进。

3.2 层间接口说明

如 3.1 节中展示的各层功能关系图所示，在算力网络架构中，各个功能层之间存在若干层间接口，负责互通不同功能平面之间的信息，实现算力资源搜集、管理、整合、调度，网络的控制、编排、管理、转发及算网协同等功能，并对系统运行时的算力资源和网络状态进行实时监控记录，其中主要的层间接口包括如下几个。

（1）I1 接口：本接口定义的是服务提供层与网络控制层之间的信息交互，总体而言，用户与网络之间支持“用户业务需求”与“服务资源能力”的映射和协商，可以实现网络可编程和业务自动适配。当服务提供层需要调用网络能力时，直接从网络控制层获取，同时，当服务提供层需要将业务信息传递给网络控制层时，通过该接口进行告知，再由网络控制层根据相关协议进行处理。

（2）I2 接口：本接口定义的是网络控制层与算力管理层之间的接口，网络控制层将基于算力信息完成的路径选择及算力调度策略传递至算力管理层，算力管理层从底层完成算力信息搜集并建模后，通过该接口将算力信息上报至网络控制层进行发布，并借助网络控制层获取全网的算力信息情况，以实现分布式管理。

（3）I3 接口：本接口定义的是算力管理层与算力资源层之间的接口，算力资源层通过该接口完成向算力管理层的设备注册、资源上报、故障上报等动作，算力管理层通过该接口可获取算力资源层的性能参数、故障参数、资源数量等信息，并完成运营管理动作，从而实现算力管理层对算力资源层的感知、监管和控制。

（4）In 接口：本接口定义的是网络控制层与网络转发层之间的接口，类似于 SDN 中控制平面与数据平面的接口。网络控制层完成基于算力信息的路径计算将结果表项通过该接口下发至网络转发层指导数据报文的转发，网络控制层可采取集中式控制、分布式控制或两者组合的方式来实现。当采取集中式控制时，本接口为网络控制器与转发平面之间的接口，当采取分布式控制时，本接口为设备中控制平面与转发平面之间的接口。当网络转发层出现故障时，通过该接口可实现故障信息的上报，促使网络控制层进行路径重新计算的动作。

（5）I41 接口：本接口定义的是服务提供层与服务编排层之间的接口，当服务提供层以服务维度向用户提供业务时，服务提供层通过该接口获取互通服务的管理信息和编排信息，例如，将用户的信息发送至服务编排层进行权限验证并得到反馈，从服务编排层获取完整的网络拓扑信息等。服务编排层通过该接口对服务提供层的应用进行管理、权限分配，对不同位置的相同应用进行调配等，并监控应用的状态。

（6）I42 接口：本接口定义的是网络控制层与服务编排层之间的接口，为了完整地开启/完成一个网络服务，在网络控制层和服务编排层之间进行信息的互通。网络控制层将网络拓扑信息周期性或实时通知给服务编排层，并通过服务编排层完成不同网络控制器之间的网络信息同步。服务编排层通过该接口实现对网络控制层的拓扑编排、策略下发，以及设备的权限管理等，并能够完成对网络控制层整体的状态监控和故障管理。

（7）I43 接口：本接口定义的是算力管理层与服务编排层之间的接口。算力管理层将算力注册信息、算力建模信息、算力分配信息及算力交易信息等通过此接口通知给服务编排层，服务编排层通过该接口对建模后的算力资源进行编排、调度、权限管理、监控等。

（8）I44 接口：针对云原生等服务提供形式，本接口定义了服务编排层与算力资源层之间直接通信的接口，而对于相关的算力管理信息，则通过 I43 接口由算力资源层输出给算力管理层。服务编排层不直接对基础设施层面的算力资源及网络资源进行编排管理，但可通过此接口获取算力资源及网络资源的状态，并对其进行鉴权管理等。

3.3 算力网络技术体系

结合本章前两节所述算力网络体系架构的定义、接口设置和相应的功能描述，可以看出目前算力网络研究领域还存在一系列待改进的技术问题，总体上可以分为如图 3-7 所示的 5 个方面，涵盖了 SDN2.0、NFV2.0，以及 DCN2.0 等技术演进问题，并且根据算力资源的特征和未来海量分布式交易的需求，引入算力建模与区块链交易方面的研究。下面将结合这 5 个方面的技术问题，对算力网络技术体系进行详细阐述。

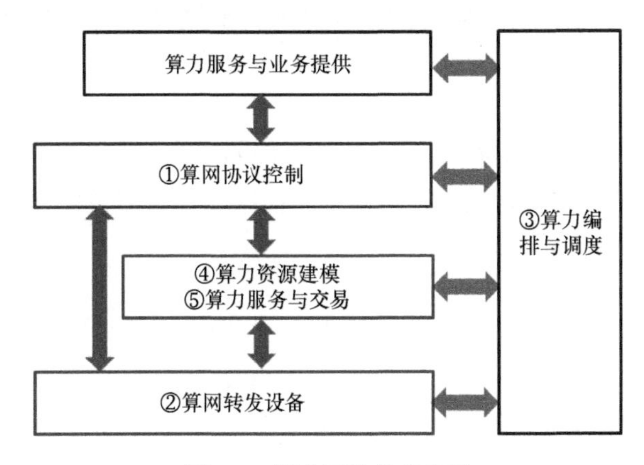

图 3-7 算力网络技术体系

3.3.1 算网协议控制

电信网络主要通过 IPv6+等数据通信新技术，解决当前端到端网络区域化划分，以及网络难以感知业务需求、算力和服务难以良好匹配的问题。

未来电信承载网络转发的核心基础技术是 SRv6，其以 IPv6 作为数据面，兼具 SR 技术特性。基于 SRv6 的 IP 承载网络架构以云网协同为承载目标，支持各种业务（移动、专线等）承载，可以实现网络端到端的业务打通。

基于 SRv6 的 IP 承载网络包括设备层与管控层，其中：

（1）设备层通过支持 SRv6 技术实现网络和业务的可编程，可以用于承载各种 L2VPN 和 L3VPN 业务，在端到端跨域承载时更加简单灵活。SRv6 的源路由能力和可编程能力可以实现各种业务的快速部署和优化。

（2）管控层包括管控系统和管控系统南向接口。面向 SRv6 的 IP 承载网管控层应支持全网设备和业务的管理、路径控制和性能分析。管控技术平台具备基于 SRv6 的开放特性，支持为用户提供自主编程的业务配置能力、管理能力、分析能力等，与设备层协同实现网络的可编程、可视化和智能化。

基于 SRv6 的 IP 承载网络涉及本地承载网络、城域网络、骨干网络、DCI 网络等，通过 SRv6 技术可以实现不同区域网络的整体化，加强端到端网络的整体管控和路径优选。

为了实现算力网络中应用与算力的最优匹配，打破传统承载网难以感知业务需求的壁垒，在电信承载网中引入 APN6 技术，即利用 IPv6/SRv6 报文头部的可编程空间携带应用标识等信息，使报文在网络转发过程中能够随时根据应用信息调整策略。在管控层面，主机侧与网络侧根据不同类型的应用进行约定，对于特定的应用类型采取特定的处理方案，如优先级调度、计费、验证等，实现对服务水平协议（Service Level Agreement，SLA）需求的特定保障；在数据层面，根据管控层面下发的策略，对不同类型的应用执行相应的转发动作。

综上所述，SRv6 与 APN6 技术使算力网络中基于应用的端到端精确算力资源供给成为可能，对于不同类型的算力需求，都可以由应用发起端提出需求，在网络转发过程中给予最优选择，并能够根据业务的调整随时进行精确匹配。由于算力资源的路径选择能够基于网络感知应用技术在网络层面实现，所以极大地降低了算力网络切换的时延。

3.3.2 算网转发设备

针对当前电信网络的封闭性，引入白盒网络设备、开源网络操作系统和可编程交换芯片等技术，降低组网成本，丰富产业生态。

白盒网络设备，尤其是白盒交换机的出现给了用户选择最佳软硬件平台的权利，其仅仅提供交换机硬件和 ONIE（Open Network Install Environment，开放网络安装环境），用户可以自行选择最合适的网络操作系统及交换机芯片，并根据自身的网络特点来自行定义软件，降低成本，实现最大效益。

白盒交换机的操作系统用于管理交换机硬件和软件。这个操作系统向下能整合所有芯片硬件，向上又能衔接所有应用，为用户的网络能力选择提供了极大的开放性。传统的交换机操作系统对于用户来说是封闭的。随着白盒交换机市场份额的增长，人们对开源网络操作系统的需求也越来越强烈。交换机操作系统的开发者也从只有设备商工程师，扩大到互联网、运营商及云计算的 IT 从业者。随着开放网络操作系统不断涌现，借助这些网络操作系统，企业的 IT 人员无须再了解底层的网络知识，也能很好地“玩转”企业网络，网络运营者也能够根据自己的意志将网络中的业务在网络设备上运转起来，同时越来越多的白盒交换机提供商开始提供丰富的技术支持服务，使得越来越多的企业愿意去选择白盒网络设备。

从传统的网络操作系统到如今的白盒操作系统，这一过程可以分成两个阶段。（1）巨头厂商竞争阶段：这个时期核心技术集中在设备商手中，是一个技术积累的阶段；（2）开源新势力发展阶段：互联网厂商为白盒操作系统引入 SDN 的新需求。随着 SDN 的高速发展，白盒产业催生了一批开源网络操作系统，这些新兴的网络操作系统基于数据库架构，但是 SDN 追求的是更快、更灵活、更大规模、更好扩展。数据中心的互联网用户对网络操作系统需求的最大痛点是如何使用户无感知地完成版本迭代，以及如何更方便、更高效地进行版本升级，于是出现了数据库架构向容器架构的演进，原生地解决了网络操作系统的模块化问题，迭代与升级只需要依次对单个容器进行，用云计算通用技术解决了传统问题。

随着网络规模及网络带宽的飞速增长，传统以指令集为核心的 CPU 的处理效率瓶颈日益显现，于是在网络领域出现了专门为网络处理优化的多核架构指令集，称为网络处理器。同时，为了增强网络转发处理的灵活性，引入了可编程网络芯片，针对不同业务类型的报文，定制化地完成转发动作，并可实现网络流量追踪功能，给未来网络转发层的创新以更多的联想空间。

在算力网络中，新型的网络转发设备能够解决大规模算力处理带来的网络转发瓶颈问题，结合网络感知应用技术，能够智能化地进行报文转发、流量调度及业务匹配。

3.3.3 算力编排与调度

针对虚拟资源变更、调度与迁移难以全程管控，轻量化资源能力释放等问题，通过微服务、容器化等 IT 方案，解决边缘轻量化业务快速迁移和服务的问题。

在网络功能虚拟化（NFV）中，由于大量虚拟化资源需要高度的软件管理，业界称之为编排，NFV 的编排系统不仅需要管理和协同虚拟化的网络功能，还需要对支撑这些虚拟化网络功能的虚拟化基础设施进行管理，ETSI 对 NFV 编排定义了三个方面的功能：（1）NFV 编排器；（2）VNF 管理器；（3）虚拟基础设施管理器（Virtual Infrastructure Manager，VIM）。同样，在算力的编排与调度问题中也涉及对算力功能组件及算力基础设施的管理，并且鉴于算力资源及用户分散性的特点，对于算力的编排和调度需要更多地考虑变更、迁移、释放及生成等问题。

在相对静态的场景中，用户对算力资源的类型、容量及网络时延等指标需求稳定，算力网络只需要将分散在各个物理位置的闲散算力资源进行汇聚，再根据用户的需求进行匹配，并以最优化的路径为用户提供算力服务即可。

在相对动态的场景中，对上述提出的算力资源变更、迁移、释放及生成等问题的解决显得尤为重要。其中动态场景的含义包括算力资源的容量变更、位置变更，以及用户的需求变更、位置变更等。在这个过程中，针对算力资源的变更需要算力网络系统能够提供可靠的备份或迁移方案，在当前算力资源无法满足用户需求时，及时调用备份算力资源或将应用迁移到能够满足用户需求的区域中；针对用户的变更，算力网络平台应该能够及时给予调整，灵活增加或减少算力资源的供给及根据用户的位置及时调用最合适的算力资源供用户使用，并能够做到及时释放闲置的算力资源。

综上所述，整个算力网络技术体系，由算力建模、算力编排、算力调度、算力交易及网络转发、网络控制等方面构成，只有解决每个技术方向上的问题，才能实现整个算力网络系统的功能。其中，算力建模是使用算力资源的基础，网络转发与控制是算力资源信息全网同步的桥梁，算力编排与算力调度是指挥算力网络工作的大脑，而算力交易则是算力网络资源得以可靠流通的保证，只有在它们各自功能范围内解决本身的技术问题，以及在各个功能之间解决协同的技术问题，才能保证算力网络技术体系朝更完善的方向发展，更好地为业务应用服务。

3.3.4 算力资源建模

针对当前算力难以量化建模、算网难以协同服务等问题，通过研究计算、网络、存储等指标的联合优化，提升算力基础设施和网络基础设施建设及布局的合理性。

在网络中的算力资源建模需要解决两个方面的问题。首先，对于不同类型的处理器，如 CPU、GPU、NPU 等，如何使用统一的度量单位，或针对统一的应用处理单元，将异构算力资源归一化；其次，在算力网络中对算力资源进行度量、建模的问题，不仅需要考虑在计算设备中对静态算力或剩余算力的统计，而且要考虑数据处理过程中存储对计算能力的影响，以及在经过网络传播后算力的消耗等因素，所以将携带计算、存储、时延、抖动等参数的算力资源统一化是算力网络路径选择需要解决的问题。

算力是设备/平台处理、运行业务的关键核心能力，根据所运行算法的不同，涉及的数据计算类型也不同，可以将算力分为逻辑运算能力、并行计算能力和神经网络计算能力。其中，逻辑运算能力是一种通用的基础运算能力，并行计算能力是指专门为了处理如图形图像等数据类型统一的一种高效计算能力，而神经网络计算能力主要针对近年来 AI 神经网络、机器学习类密集计算型业务，是一种用来对机器学习、神经网络等进行加速的计算能力。在算力网络中，能否将这些类型不同、用于不同专业的计算硬件通过通用的算力标准语言来描述，供用户统一使用，是未来需要解决的基础性问题。

在对算力大小的需求方面，不同的应用场景中业务对算力的需求不同，如非实时、非移动的 AI 训练类业务，训练数据量庞大，神经网络算法层数复杂，若想快速达到训练效果，则需计算能力和存储能力都极高的运行平台或设备，而对于实时性类的推理业务，一般对网络低时延要求较高，反而对计算能力的需求可降低几个量级。因此，在算力建模中，也可以将业务运行所需的算力需求按照一定分级标准划分为多个等级，可供算力提供者设计业务套餐时进行参考，也可供进行算力平台设计时，根据所需运行的业务为平台算力的选型提供依据。

3.3.5 算力服务与交易

算力服务与交易包括为算力使用者提供所需要的算力资源，为算力提供者提供发布闲置算力资源的平台，并为算力资源类型精确匹配提供服务。类似于金融体系中的金融中介，算力网络为解决网络中算力资源供需者无法灵活匹配的问题提供了媒介，并针对当前集中式平台难以满足高频、可信交易的要求，通过引入区块链账本和可信计算等技术，解决交易的实时性和可靠性问题。

区块链的准入机制更易于参与者的身份筛选和责任认定，有助于数据安全和质量保障，结合密码学、共识机制保证区块链数据极强的公信力，匹配数据流通在数据安全、质量保障、权益分配、追溯审计和透明度等方面的需求。共识机制是区块链系统的核心，达成共识的目的是使存储在不同区块链节点中的账本数据保持一致。在区块链系统中，根据不同的业务需求、区块链网络组织形式选择不同的适用共识算法来实现共识机制。

预计到 2022 年，互联网中的中心化算力所占比例会低于 12%，而分布式算力将超过 88%，在未来这种分布式算力占主导的算力网络环境中，集中式的算力交易管理方式是天然信任缺失的，庞大的算力提供者和使用者群体环境也是非可信的，区块链的出现就是为了解决在非完全可信的环境下依靠相互缺乏信任的群体之间的协作达成可信的交易。通过智能合约低成本、高效率解决算力服务与交易中信任与分享的问题，采用分布式数据库，让一切交易行为经过验证且不可篡改并可追溯，在离线或网络质量不佳时，通过边缘计算，调度引擎实现业务智能调度和实时驱动。

3.3.6 其他关键技术

除了上述 5 个方面的问题，在未来算力网络大规模建设中，还会涉及如下关键技术。例如，IP 层与光层的联合计算服务技术，光网络为业务网直接提供计算服务的技术，作为算力网络最后一公里的超低时延、高可靠的 5G 接入网技术，作为 IT 使能的网络安全与网络 AI 技术，以及其他面向未来云服务的新型 IT 支撑技术，如多云管理、集群联邦、统一监控等。

3.4 算网技术体系与现网技术的关系

算力网络是云化网络发展演进的新阶段，云化网络的概念从 2009 年开始，伴随着 SDN/NFV 技术而出现，并不断发展和演变，早期云网协同阶段网络主要是为云计算提供连接服务（Network for Cloud），包括基于 SDN 的 DCN 和 DCI 网络及用于用户与云连接的 SD-WAN Overlay 网络。2014 年开始，伴随着电信行业对云技术理解的加深，开始思考如何利用云的技术理念来改造网络设备，网络云化进入云网一体阶段，其中包括对核心网网元进行云化改造，以及对承载网架构进行转控分离改造，并实现转发面的极简（如 SRv6）和小型化（如 C/U 分离的核心网）的成功实践，经过多年的探索，已经基本确定了“控制云化+转发极简”的云化网络标准架构。

算力网络早期与云化网络类似，聚焦算网协同的需求，包括网络为 AI 提供连接服务（Network for AI），如用于数据中心内部的算内网络 IB、RDMA 和更大规模的无阻塞 DCN，用于用户数据到算力连接的算力优先网络（Compute First Network，CFN）、支撑用户数据到算力更低时延及更大带宽的 Metro Fabric 和 5G URLLC 网络，以及用于为 AI 提供算力服务的新型网络设备 MEC/ECC、将 AI 技术用于运维（AI for Network）而实现主动运维的 IDN 自动驾驶网络等。

从目前的发展来看，SDN 与 NFV 的部署一般相互独立，自成体系。结合 5G、泛在计算与 AI 的发展趋势，如前文所述，以算力网络为代表的云网融合 2.0 时代正在快速到来。云网融合 2.0 是在继承云网融合 1.0 的基础上，强调结合未来业务形态的变化，在云、网、芯三个层面持续推进研发，按照应用部署匹配计算、网络转发感知计算、芯片能力增强计算的要求，在 SDN 和 NFV 自身持续发展之外，实现 SDN 和 NFV 的深度协同，服务算力网络时代各种新业态。

结合本章提出的算力网络架构，本书在接下来的第 4～7 章会针对技术进行详细的描述，其中，第 4 章站在承载网的角度，重点论述算网协议控制和算网转发设备与 IP 数据通信重点相关的技术；第 5 章站在云平台的角度，重点论述算力编排调度与虚拟化、云原生、资源编排重点相关的技术；第 6 章站在创新型业务的角度，重点论述与算力网络资源交易及业务建模相关的技术；第 7 章介绍在上述之外的其他关联性技术。

本章参考文献

[1] 中国联通算力网络白皮书[R]，2019.

[2] 算力网络架构与技术体系白皮书[R]，2020.

[3] 何涛，曹畅，唐雄燕等. 面向 6G 需求的算力网络技术[J]. 移动通信, 2020（6）.

[4] CCSA. 基于 SRv6 的 IP 承载网总体技术要求[R].

[5] CCSA. 面向业务体验的算力需求量化与建模研究[R].

第 4 章
算力网络控制与转发关键技术

从网络技术来看，算力网络需要在目前云网配置拉通的基础上，向基于 SRv6 的网络承载能力增强演进，并具备资源感知与应用感知能力，提升算力触达用户的广度和精度。从芯片技术来看，算力网络需要在传统固定转发流程芯片架构的基础上，向具备可编程能力的新一代交换芯片架构演进，赋予设备更灵活的功能。本章主要针对算力网络的承载协议、确定性连接、数据中心网络、可编程芯片和网络操作系统等技术进行分析。

4.1 SRv6 技术

在算力网络中，通过 SRv6 技术简化网络结构，实现灵活的编程功能，便于更快地部署新的业务，从而实现面向泛在计算场景的网络资源敏捷、按需、可靠调度。

SRv6（Segment Routing over IPv6，基于 IPv6 的段路由）是一项新兴的 IP 协议。SRv6 通过灵活的 Segment 组合、灵活的 Segment 字段、灵活的 TLV 组合实现 3 层编程空间，可以更好地满足新的网络业务需求，而其兼容 IPv6 的特性也使得网络业务的部署更简便。

1. SRv6 Segment

SRv6 通过 128bit 的 SID 实现网络编程功能。SID 是 SRv6 Segment 的

ID，如图 4-1 所示，可灵活编排为 Locator、Function 及 Args，可以基于报文、SLA 等信息指定网络节点处理行为。

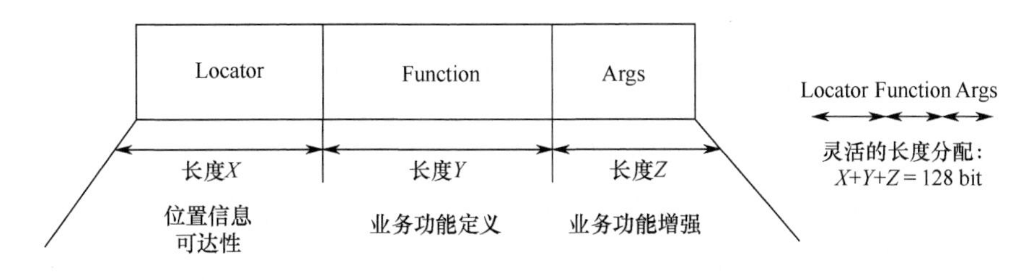

图 4-1 SRv6 SID 结构

（1）Locator（位置标识）：网络中分配给一个网络节点的标识，可以用于路由和转发数据包。Locator 有可路由和聚合两个重要属性。在 SRv6 SID 中 Locator 是一个可变长的部分，用于适配不同规模的网络。

（2）Function（功能）：设备分配给本地转发指令的一个 ID 值，该值可用于表达需要设备执行的转发动作，相当于计算机指令的操作码。在 SRv6 网络编程中，不同的转发行为由不同的功能 ID 来表达。在一定程度上功能 ID 和 MPLS 标签类似，用于标识 VPN 转发实例等。

（3）Args（变量）：转发指令在执行的时候所需要的参数，这些参数可能包含流、服务或其他任何相关的可变信息。

2. SRv6 三层编程空间

为了在 IPv6 报文中实现 SRv6 转发，根据 IPv6 原有的路由扩展报文头定义了一种新类型的扩展报文头（Routing Type 为 4），称作 Segment Routing Header（SRH），用于进行 Segment 的编程组合形成 SRv6 路径。SRv6 的网络可编程性体现在 SRH 扩展报文头中。SRH 中有三层编程空间，如图 4-2 所示。

（1）Segment 序列。它可以将多个 Segment 组合起来，形成 SRv6 路径。这跟 MPLS 标签栈比较类似。

（2）对 SRv6 SID 的 128 bit 的运用。MPLS 标签封装主要分为 4 个段，每段长度都是固定的（包括 20 bit 的标签、8 bit 的 TTL、3 bit 的 Traffic Class 和 1 bit 的栈底标志），而 SRv6 的每个 Segment 长为 128 bit，可以灵活分为多段，每段的长度也可以变化，因此具备灵活编程能力。

（3）可选 TLV（Type-Length-Value）。报文在网络中被传送时，需要在转发面封装一些非规则的信息，如加密、认证信息和性能检测信息等，它们可以通过 SRH 中 TLV 的灵活组合来完成。

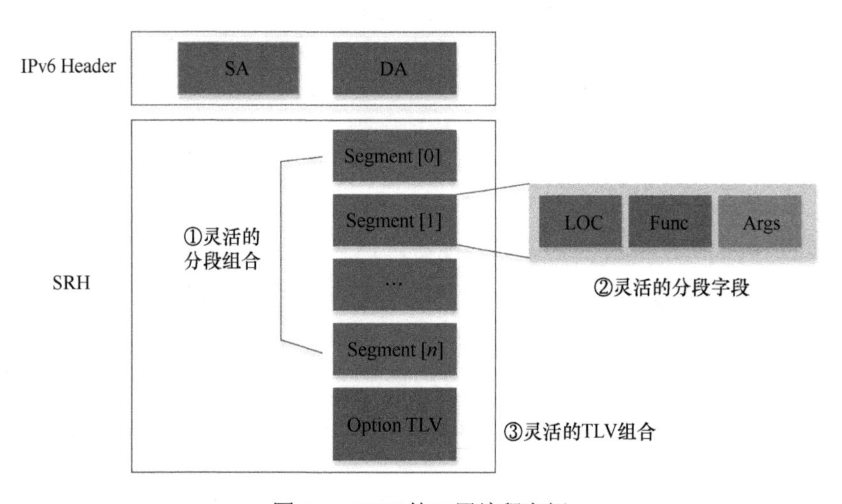

图 4-2　SRH 的三层编程空间

SRv6 通过三层编程空间，具备了更强大的网络编程能力，可以更好地满足不同的网络路径需求。SRv6 打破了网络和应用的界线，实现了端到端的“云网一体”，同时采用网络可编程技术可方便地实现应用调用网络资源。

3．SRv6 报文转发

在 IETF 的文稿中定义了很多行为，即指令。每个 SID 都会与一个指令绑定，用于告知节点在处理 SID 时需要执行的动作。SRH 可以封装一个有序的 SID 列表，为报文提供转发、封装和解封装等服务。

End 是最基本的 SRv6 指令。End SID 是与 End 指令绑定的 SID，表示一个节点。End SID 可指引报文转发到发布该 SID 的节点，报文到达该节点后，该节点执行 End 指令来处理报文。End 指令执行的动作是将 SL 的值减 1，并根据 SL 从 SRH 取出下一个 SID 更新到 IPv6 报文头的目的地址字段，再查表转发。其他参数（如 Hop Limit 等）按照正常转发流程处理。

表 4-1 介绍了常见指令的功能。更多指令或详细内容可参考相关文献。

如图 4-3 展示了 SRv6 转发示例。在 SRv6 源节点 A 上进行网络编程，指定路径（通过 B-C、D-E 的链路转发）送达节点 F，其中节点 A、B、D 和 F 均为支持 SRv6 的设备，节点 C 和 E 为不支持 SRv6 的设备。

表 4-1 常见指令的功能介绍

指　令	功能简述
End	把下一个 SID 复制到 IPv6 目的地址，进行查表转发
End.X	根据指定出接口转发报文
End.T	在指定的 IPv6 路由表中进行查表并转发报文
End.DX6	解封装报文，向指定的 IPv6 三层邻接转发
End.DX4	解封装报文，向指定的 IPv4 三层邻接转发

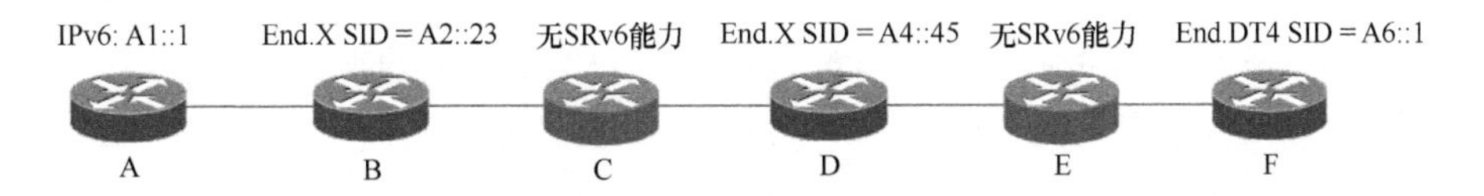

图 4-3 SRv6 转发示例

步骤 1：节点 A 将 SRv6 路径信息封装在 SRH 中，指定节点 B 和 D 的 End.X SID。初始 SL=2，SL 指向当前需要处理的操作指令，即 SL 指示的 SID A2::23 复制到外层 IPv6 报文头的目的地址字段，并且根据外层 IPv6 目的地址查路由表转发到节点 B。

步骤 2：节点 B 收到报文以后，根据外层 IPv6 地址 A2::23 查找本地 Local SID 表，命中 End.X SID，执行 End.X SID 的指令动作：SL 的值减 1，并将 SL 指示的 SID 复制到外层 IPv6 报文头目的地址，同时根据 End.X 关联的下一跳转发。

步骤 3：节点 C 根据 A4::45 查 IPv6 路由表进行转发，不处理 SRH 扩展头。具备普通的 IPv6 转发能力即可。

步骤 4：节点 D 收到报文以后，同步骤 2，但此时 SL=0，弹出 SRH 扩展头，同时根据 End.X 关联的下一跳转发。

步骤 5：弹出 SRH 扩展报文头以后，报文就变成普通的 IPv6 头，由于 A6::1 是一个正常的 IPv6 地址，所以遵循普通的 IPv6 转发到节点 F。

从上面的转发可以看出，对于支持 SRv6 转发的节点，可以通过 SID 指示经过特定的链路转发；对于不支持 SRv6 转发的节点，可以通过普通的 IPv6 路由转发穿越。这个特性使得 SRv6 可以很好地在 IPv6 网络中实现增量部署。

4．SRv6 标准情况

在 IETF，SRv6 标准初步成熟，其关键数据平面 SRH 草案于 2020 年 3 月发布为标准 RFC8754，这是 SRv6 技术领域的第一篇 RFC，标志着 SRv6 基本封装格式的标准化，是 SRv6 标准成熟的重要标志和里程碑。SRv6 的核心文稿《SRv6 网络编程》已于 2021 年 2 月转换为标准 RFC8986，该标准描述了 SRv6 网络编程概念和 SRv6 功能集。SRv6 控制平面的 IS-IS、BGP-LS、PCEP 等均已被工作组接收，其中，控制平面的 IS-IS 扩展、BGP 链路状态扩展已经通过 IESG 审查阶段，即将发布。同时在 VPN+（enhanced VPN）、随路测量与 iFIT、新型多播与 BIERv6、SFC（Service Function Chaining，服务链）、确定性网络（DetNet）、OAM 等方面都有工作组文稿在推进。目前 SRv6 标准热点研究领域为 SRv6 压缩方向，业界已经提出了多个方案，如 G-SRv6、Micro Segment 等。从技术上看，两种方案都基于 SRH，相互兼容，未来可以共同推进。从技术发展趋势看，SRv6 将成为 IP 提升网络智能化的重要手段。

5. SRv6 在 SFC 中的运用

SFC 是一个有序的服务功能的集合，其基于分类和策略对网络上的 IP 数据包、链路帧或数据流进行一系列服务处理。

SFC 的体系架构如图 4-4 所示，体系中每一种服务单元作为服务流程中的环节之一，分别具有不同的功能和作用，不同服务单元的串接完成服务链的整体功能实现。各个服务单元的定义和主要功能概括如下。

（1）Classifier（流分类器）：用于将网络流量按照规则进行分类，并转发到对应的 SFP。Classifier 可以运行在任意设备上，并且一条 SFC 中可以有多个 Classifier。通常情况下，Classifier 存在于 SFC 的头节点。SFC Classifier 还将给网络流量包加上 SFC 识别符。具体来说，它会在网络包里加上一个 SFC Header，也就是说它会改变包的结构。这个 Header 包含一个 SFC 的唯一识别 ID。

（2）SF（服务功能节点）：按照特定的功能要求对数据报文进行处理的单元。

（3）SFF（服务功能转发器）：提供服务层的转发。SFF 接收带有 SFC Header 的网络包，利用 SFC Header，将网络包转发给相应的服务功能节点。在某些场合，SFF 也可以不基于 SFC Header，如基于五元组。

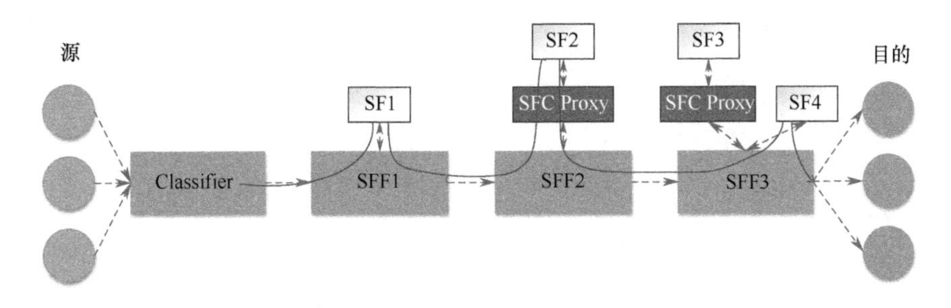

图 4-4 SFC 的体系架构

（4）SFC Proxy（SFC 代理）：为不支持 SFC 的 SF 提供代理接入 SFC

的能力，其位于服务转发节点和对应的传统功能节点（一个或多个）之间。SFC Proxy 将会把网络包中的 SFC Header 去掉，并把原始的数据包转发给传统的 SF 设备，当网络包处理完之后，SFC Proxy 还将负责把 SFC Header 加回到网络包中，并发回到 SFC。

多租户云数据中心是一种典型的 SFC 应用场景。某运营商具有多个分布在不同区域的数据中心，每个数据中心运行着不同的服务功能。例如，时延敏感型或高使用率的服务功能部署在区域数据中心，而时延不敏感型或低使用率的服务功能部署在全局的集中式数据中心。云计算服务商提供多种 VAS 服务，如边缘防火墙（Edge Fire Wall，EFW）、入侵防御系统（Intrusion Prevention System，IPS）/入侵检测系统（Intrusion Detection System，IDS）、深度包检测单元（Deep Packet Inspection，DPI）、Web 应用防护系统（Web Application Function，WAF）等。基于用户订阅的服务，其流量在数据中心需要经过不同的 SFC 来满足业务需求。在这种场景下，运营商可以在多个数据中心灵活、经济地构建 SFC，如图 4-5 所示。

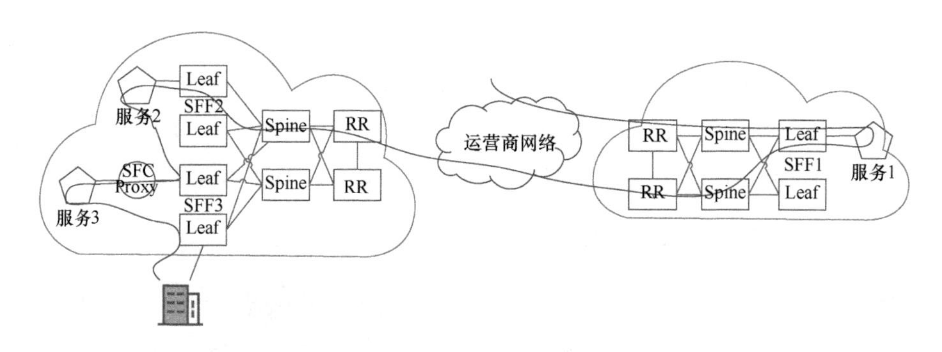

图 4-5　SFC 在数据中心的应用场景

以安全防护需求为代表的服务链场景，将流量灵活牵引到对应的安全资源池，尤其适用于 DDOS 攻击按需疏导等业务场景，核心特征在于可以灵活地调度业务流量去某个服务功能。

以云渲染需求为代表的服务链场景，灵活地为业务提供对应的计算/服务资源分配，其核心特征在于可以灵活地调度不同的资源块，按需增减计算资源需求。

因而，借助 SRv6 和 SFC 功能，将承载网络与云侧服务拉通，以服务为导向，基于承载网络灵活提供服务。其中，Networking Service 提供网络服务功能，如 Load Balance、Firewall、QoS（Quality of Service，服务质量）等，SFC 将会是实现网络即服务（NaaS）的一种很灵活的方式，同时由云服务运营商提供各种各样的服务功能。

6. SRv6 技术在算力网络中的应用

算力承载网以 SRv6 技术为底座，在网络切片能力的基础上，引入网络感知技术，解决当前网络难以感知业务需求、算力和服务难以良好匹配的问题。SRv6 继承了 MPLS 技术的 TE、VPN 和 FRR 特性，使得它能够替代 MPLS 部署在 IP 骨干承载网络中，同时 SRv6 具备类似虚拟可扩展局域网（Virtual Extensible Local Area Network，VxLAN）的仅依赖 IP 可达性即可工作的简单性，使得它也可能进入数据中心网络。基于 IPv6 的可达性，SRv6 可直接跨越多域，简化了跨域业务的部署，同时 SRv6 将 Overlay 的业务和 Underlay 承载统一定义为具有不同行为的 SID，通过网络编程实现业务和承载的结合，不仅避免了业务与承载分离带来的多种协议之间的互联互通问题，而且能够更加方便、灵活地满足丰富的功能需求。

在算力网络中，业务网关进一步下沉，并通过算力网关将南北向流量提前转化为东西向流量，同时利用 IPv6 可扩展头丰富的可编程空间，开展 IPv6+网络新技术，包括但不限于 VPN+（网络切片）、IFIT（随路网络检测）、SFC 等及新应用开发，实现城域 DCI（云网互联），通过业务的部署和资源调整来保证应用的 SLA 要求，以此提供服务链，如图 4-6 所示。

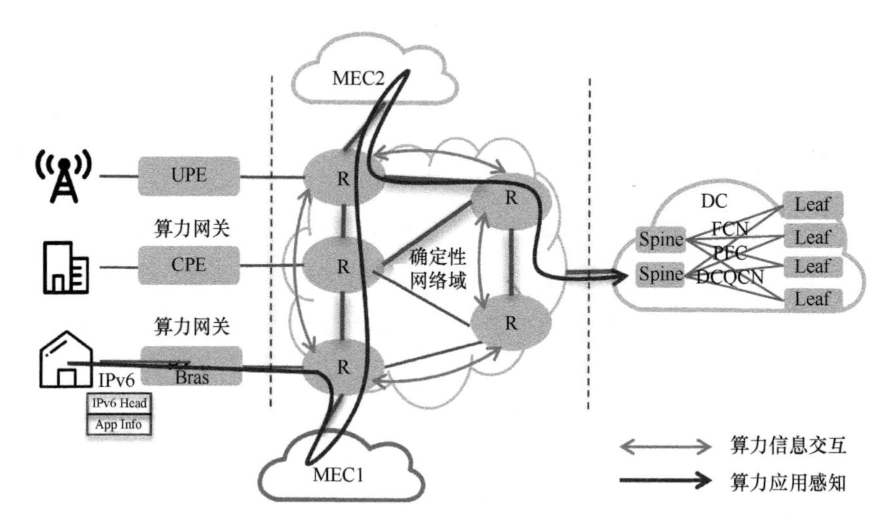

图 4-6　算力网络资源感知和信息交互示例

4.2　APN6 技术

以承载网 SRv6 技术为底座，在网络切片能力的基础上，引入网络感知技术，解决当前网络难以感知业务需求、算力和服务难以良好匹配的问题。

应用感知网络（App-aware IPv6 Networking，APN6）是一种面向未来的新型 IPv6 网络架构。APN6 针对现有网络无法感知应用而导致的运营商现网运营痛点，如网络利用率低、无法精细化运营服务等，意在改变网络与应用割裂现状。

不断涌现的新服务对网络提出了越来越高的要求，由于功能有限，当前的部署无法完全满足这些要求。例如，很难利用传统的集中式部署模式来满足某些对延迟敏感的应用程序的低延迟需求。目前的趋势是由计算和存储资源组成的分散站点部署在各个位置以提供服务。将站点部署在网络边缘（边缘计算）时，可以更好地处理附近用户的业务需求，这增强了提供差异化网络和计算服务的可能性。为了更好地实现边缘计算的价值，需要网络了解应用程序的要求，以将流量引向可以满足其要求的网络路径。

应用感知网络（APN）恰恰解决了这个难题，可以桥接应用程序和网络以适应边缘服务的需求，从而充分释放边缘计算的优势。应用感知技术利用 IPv6/SRv6 报文自身的可编程空间，将应用信息（应用标识和对网络性能的需求）随报文携带进入网络，以天然的方式使网络感知到应用及其需求，从而为其提供相应的 SLA 保障。

IP 承载网采用一些传统的方法来感知应用并引导流量。在 IETF 的文稿中分析了传统方案（基于五元组的 ACL/PBR 方案、DPI 方案，基于编排器与 SDN 控制器的方案）存在的问题。例如，整个循环时间长，不适合应用的实时调整；循环过程涉及的接口太多，对标准化和互操作性提出了更大的挑战，很难对简单的交互进行标准化。因此提出了 APN6 的概念，并确定了 APN6 的关键因素携带开放的应用信息、丰富的网络服务及准确的网络测量。APN6 利用 IPv6 的扩展报文头所提供的多重可编程空间携带应用信息，使网络感知到应用及其需求，从而能够更好地提供 SLA 保障，并能够有效利用网络资源。

APN 不要求特定的封装，然而 APN 的大部分好处在实现时均利用 IPv6 封装（如 IPv6 报文头，以及可能的扩展报文头）。由于终端侧和网络侧都基于 IPv6，所以可以更容易地实现应用和网络的无缝融合，且可用 IPv6 报文封装提供可编程空间携带丰富的相关应用信息。

APN6（应用于 IPv6/SRv6 数据平面的 APN 体系结构）由应用感知的信息组成，通过使用 IPv6 报文头和扩展报文头传送到网络，网络根据这些信息执行服务供应、流量控制和 SLA 保障。IETF 文稿“APN6 Framework”中定义了 APN6 的网络框架，如图 4-7 所示。该框架的组件包括应用程序、网络边缘设备、应用感知处理头节点、应用感知处理中间节点、应用感知处理尾节点。

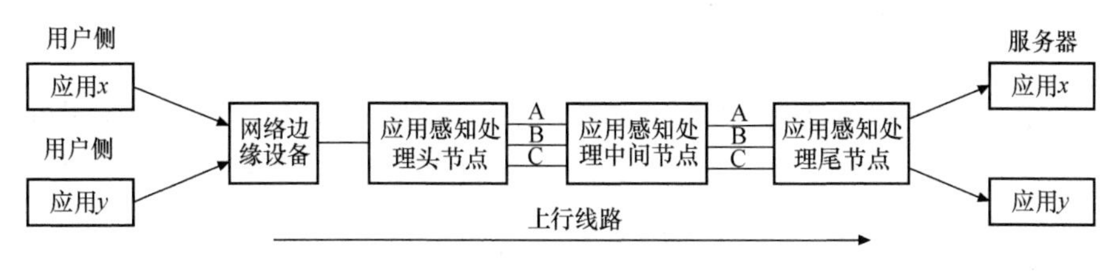

图 4-7　APN6 的网络框架

1. 应用

应用特征信息可以由主机从应用中获取，并将其封装在数据包中。应用感知处理头节点根据数据包中所携带的信息，确定头节点和尾节点之间的转发路径，即将数据包引导至满足其需求的路径。数据包携带的应用特征信息（应用感知信息）如下：

（1）应用感知标识符信息：识别应用的应用 ID、识别应用用户的用户 ID、识别应用流量的一条流或一个会话、识别应用的 SLA 需求等。

以上信息的不同组合可用于区分流量，并为区分出来的流量提供精细化的 SLA 保障。

（2）网络性能需求信息：指定至少一个参数，如带宽、时延、抖动、丢包率等。

这些参数的不同组合可用于进一步表达应用更详细的网络服务要求，与应用感知标识符一起，可用于匹配进入满足这些服务需求的 SRv6 隧道 / 策略和 QoS 队列。如果应用需求信息无法匹配到合适的 SRv6 隧道 / 策略和 QoS 队列，将会触发建立新的 SRv6 隧道 / 策略和 QoS 队列。

在 APN6 中，如果应用直接在主机发送的 IPv6 数据包中添加应用特征信息，则此方案被称为“应用侧解决方案”。

2. 网络边缘设备

网络边缘设备是能够接收来自应用的数据包，并获取其特征信息。如果应用不是服务感知应用，则可以通过包检测从服务信息中，如双层 VLAN 标签（C-VLAN 和 S-VLAN）获取应用程序特征信息，或者根据本书范围之外的本地策略添加。网络边缘设备在封装中添加应用特征信息用于代表应用。携带应用特征信息的数据包被发送到应用感知处理头节点，利用应用特征信息确定头节点和尾节点之间转发数据包的路径。

在 APN6 中，如果应用特征信息不是由启用 IPv6 的应用直接添加的，而是由应用感知的边缘设备推断的，则后面这种方案被称为“网络侧解决方案”。

3．应用感知处理头节点

应用感知处理头节点能够接收数据包并获取应用特征信息。在应用感知处理头节点和尾节点之间存在一组路径、隧道或 SR 策略。头节点维护应用特征信息与头节点和尾节点之间路径的匹配关系。头节点根据数据包中所携带的应用特征信息及与之匹配关系，确定头节点和尾节点之间满足应用服务需求的路径。如果没有找到匹配路径，则头节点可以建立一条通往尾节点的路径，并存储匹配关系。头节点沿着此路径转发数据包。

4．应用感知处理中间节点

应用感知处理中间节点是指中间节点根据头节点所设置的满足数据包服务需求的路径进行转发。中间节点还可以根据特定策略和数据包传递的应用感知信息在本地进行资源调整以满足服务需求。

5．应用感知处理尾节点

应用感知处理尾节点是指特定服务路径的流程将在该端点结束。服务需求信息可以在尾节点与外部封装一起删除，或者继续与数据包一起传递。

通过这种方式，网络明确知道应用的服务需求。根据数据包中所携带的服务需求信息，网络能够快速调整资源以满足应用的服务需求，同时这种流驱动的方式还减小了互操作性和长控制回路的挑战。

APN6 可以较为有效地解决传统网络感知应用方案的过程中所遇到的问题。通过 IPv6 扩展报文头携带业务报文的应用特征，使得网络更加快速、有效地感知应用及其需求，从而为其提供精细化的网络资源调度和 SLA 保障，更好地为应用提供服务。

基于 APN6 技术，可以提供感知应用的网络切片。网络切片功能将网络基础设施的控制平面或数据平面划分成多个网络切片，这些切片可以并行运行，切片之间相互隔离，设备/链路上的资源相应地划分给不同切片独享。感知应用的头节点能够根据应用信息，将流量引入相应的网络切片，感知应用的中间节点也依据应用信息，让流量使用相应的网络切片资源。

基于 APN6 技术，可以提供感知应用的确定网络。在网络中，确定性网络的流量与尽力而为的流量是混合传输的，确定性网络的流量途经的每个节点，需要为该流量提供有保障的带宽、有上限的时延，以及其他与传输时间敏感数据相关的特性。感知应用的头节点能够根据应用信息将流量引入合适的传输路径，中间节点让确定性网络的流量使用传输路径上为其性能提供保障的资源。

基于 APN6 技术，还可以提供感知应用的 SFC。端到端的服务分发、流量通常需要传阅多个业务功能，包括传统的网络业务功能（如防火墙）、深度包检测（DPI）及其他服务功能，这些服务功能可以通过物理的或虚拟的方式实现。SFC 可以应用在固定网络、移动网络和数据中心网络上。具体需求包括感知应用的头节点能够处理报文中携带的应用信息，并根据应用信息将流量引入合适的 SFC。

应用感知网络可以使能网络为特定应用（如游戏、直播或支付等）提供定制化服务，在保障用户网络体验的同时提升承载网络的商业价值。另外，运营商可以基于游戏用户及服务提供商的需求，采用按需边缘计算的部署方式，边缘数据中心将游戏视频流信息发送到终端，并接收用户的控制指令进行信息处理。用户可以根据接收到的视频流信息快速响应。借助 APN 技术来确保云游戏多个玩家的多方网络延迟，也可基于数据中心的算力状态信息，为用户提供相应的加速通道，即 APN 技术识别游戏流量并基于其对服务的要求（如算力能力）为其提供相应的网络转发服务，从而提供更好的游戏体验，如图 4-8 所示。

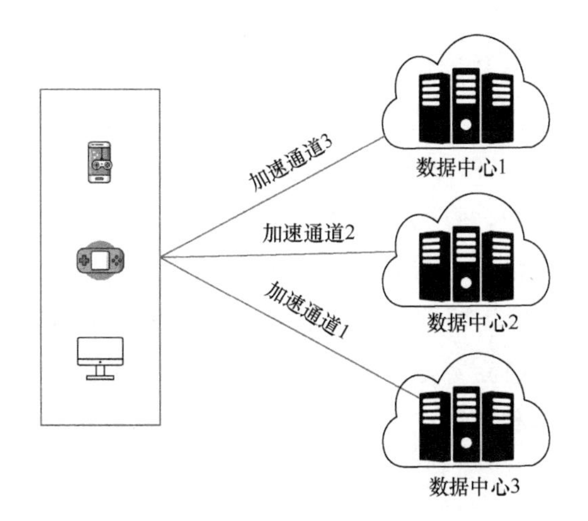

图 4-8　运用 APN 技术实现游戏加速场景

但目前应用感知网络仅处于场景和需求讨论阶段，架构设计和方案实现也尚处于讨论阶段。为了实现初衷还有一些关键问题需要加快突破：如何利用好 IPv6 扩展报文头部的可编程能力，将应用层需求完整地传递到网络层，使能网络对用户应用进行精细化运营；如何与软件定义网络的控制器高效联动，能够基于 SDN 进行快速业务部署，满足应用需求的快速动态响应；如何突破应用与网络的边界，实现应用级的业务导流及差异化服务质量保证；如何实现应用侧云化资源与承载网络之间的信息交互，能够统一调度云网资源以匹配新业务需求，从而实现真正的云网协同。

4.3 算力信息交互技术

4.3.1 交互的必要性

算力信息交互是指在算力网络中将算力资源（包括 CPU、内存、存储等）信息化，并通过网络完成信息交互，从而达到全网算力信息共享的目的。

目前，算力网络的实现方式是以应用服务的形式为用户提供算力资源，而算力资源位于基础设施层，物理位置一般与用户不同，这就需要借助网络功能将用户需要处理的任务传送到算力资源产生处或算力资源收集处，无论是哪一种方式，都需要先将算力资源的信息在网络中共享，而在初始网络中，算力资源的位置分布及其具备的资源量对于用户和整个算力网络来说都是未知的，这就需要通过某种方式将算力资源共享至全网。在目前的IP网络体系架构中，能够实现信息传递的载体是报文，将算力资源以特定算法进行建模度量，再把度量后的信息编码写入报文，最后通过加载到网络协议报文的方式完成信息交互，从而实现信息共享。

网络协议指的是网络中互相通信的对等实体之间交换信息时所必须遵守的规则。在IP网络中，TCP/IP是最重要的网络协议簇，它所定义的网络分层结构是通信网络发展的基础。要实现算力信息的交互，需要以网络协议为基础，将算力资源度量值加载到协议报文中进行转发，并基于信息交互完成全网的算力信息同步。在TCP/IP的体系架构中，只要算力资源IP可达，就可以认为这些算力资源是可以使用的，所以承载算力信息的通信协议可以位于网络层之上（包括网络层）的任意层，它们以网络层协议为基础，将算力信息基于IP报文进行转发。

在目前设计的算力网络信息交互技术架构中，可以将算力信息承载到路由协议报文中，也可以将算力信息交互形成独立的协议运行在网络层与传输层之间。对于前一种方案，业界称之为underlay方案，即通过路由协议报文携带算力信息，这就需要基于原有的路由协议（如BGP报文、ISIS报文、OSPF报文等）对协议报文进行扩展，在原有协议的基础上新定义用于携带算力信息的报文，此方案的优点是不用单独发明新的路由协议，对于传统网络的扩展性好，缺点是对于原有路由协议需要进行一定的改动。如图4-9所示，在不改变原有网络层对上下层接口的基础上，附着逻辑上的算力网络层。

当采取定义一种新的算力网络协议的方案时，就需要在原有的网络架构中进行创新，基于本节开头所述，可以将算力网络协议设计位于网络层和传输层之间的 3.5 层，重新定义算力网络协议之间的信令交互方式、状态机变化机制及信息的携带方式等。在这种方案中，算力网络协议自身机制的变化及未来对于协议的修改不会对其他层次的协议造成影响。这种解决方案被业界称为 overlay 方案，它的优点是不用对传统协议进行改造，解耦性好；缺点在于会多增加一层报文解封装，并且需要网络中所有的节点都能够支持算力网络协议。如图 4-10 所示，在原有网络架构的基础上增加了一层独立的算力网络层。

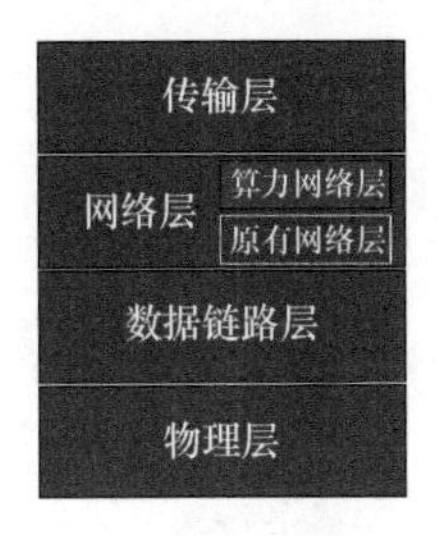

图 4-9　underlay 方案中的网络层

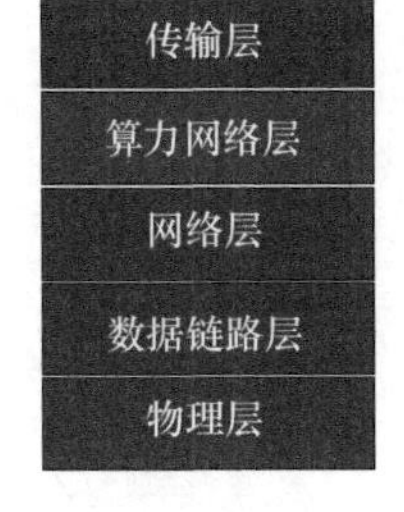

图 4-10　overlay 方案中的算力网络层

基于目前网络体系的发展，通过路由协议报文携带算力信息是一种更为可行的算力信息交互技术方案。下面将对基于本方案设计的计算优先网络（Computing First Network，CFN）的工作原理进行详细描述。

4.3.2　分布式交互技术

1. 技术概览

CFN 的设计初衷是为了解决应用在 MEC 上部署复杂、使用效率低、资源复用率不高等问题。CFN 通过算力和网络的状态共同确定最优路径，在位于不同地理位置的多个边缘站点找出最优点，从而为特定的边缘计算请求服务。CFN 还可以将对于相同服务的请求分发到不同的边缘计算站点，这是基于服务请求自身、网络资源和计算资源等因素所做出的选择，从而达到更优的负载分担效果，进而提高 MEC 的使用效率。此外，基于 CFN，请求能够被实时分发到被选中的边缘计算站点，并且基于数据流的亲和性，相同流的报文也会被引导到相同的站点进行处理。

CFN 通过 SID（服务 ID）来标识特定的服务，这些服务可能是由多个 MEC 提供的，而用户通常使用 SID 来访问服务，SID 可以使用任播地址来标识。在算力网络中，一个 SID 所代表的服务可能是由多个不同的 MEC 来提供的，用户起初并不知道是哪一个 MEC 提供的服务，其只需将对于服务的请求发到 CFN 网络的入口，当请求进入 CFN 网络之后，由 CFN 进行任务分发，在任务分发过程中，最合适的边缘站点被选中，这个边缘站点的网关设备就是 CFN 网络的出口，处理特定请求的服务节点部署在此边缘站点中，如图 4-11 所示。

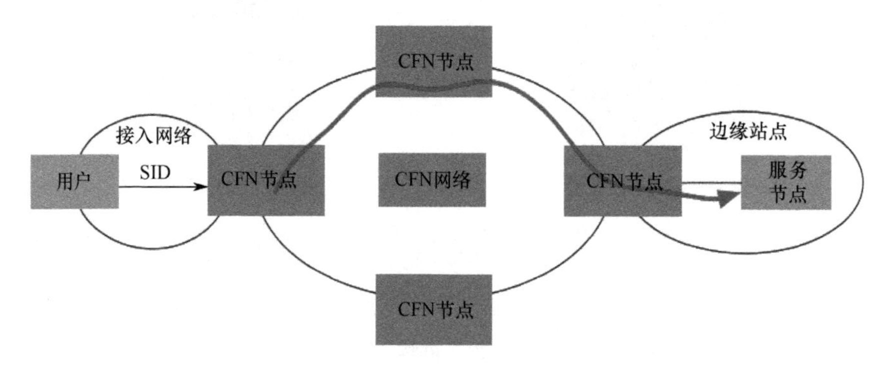

图 4-11　CFN 网络访问路径图

2. 基于 CFN 的算力信息交互

在算力网络中，要实现算力资源的整合及对算力资源随时随地的使用，就必须完成算力资源信息的全网同步。CFN 路由器负责本地算力资源信息的搜集，通过路由协议报文将信息进行全网扩散，所有的 CFN 路由器根据获得的完整算力资源信息并结合网络的拓扑信息在本地生成服务路由信息表，用于指导业务报文转发，具体的实现流程及详细阐述如下文所述。

在图 4-12 中，CFN 路由器 A 和 D 连接了本地的算力资源节点，CFN 路由器 B 和 C 负责网络中 A 和 D 的连通：①CFN 路由器 A 和 D 完成本地算力资源信息的搜集，搜集过程可以采用本地算力资源节点将算力资源信息注册给 CFN 路由器的方式，也可以采用 CFN 路由器周期性地进行信息采集的方式；②CFN 路由器 A 和 D 将算力资源信息承载在路由协议中，发布给网络中的其他 CFN 路由器，从而实现信息的全网共享；③CFN 路由器根据获取到的全网信息，并结合通过路由协议了解到的网络拓扑，在本地生成服务路由信息表，以指导业务报文的转发。

特别需要指出的是，在图 4-12 中，路由器 B 和 C 作为中转路由器，可以不必支持 CFN。因为算力资源信息承载在路由协议中，所以路由器 B 和 C 只需要将携带算力资源信息的路由协议报文进行转发，而对于报文中的 CFN 相关信息不进行解析。

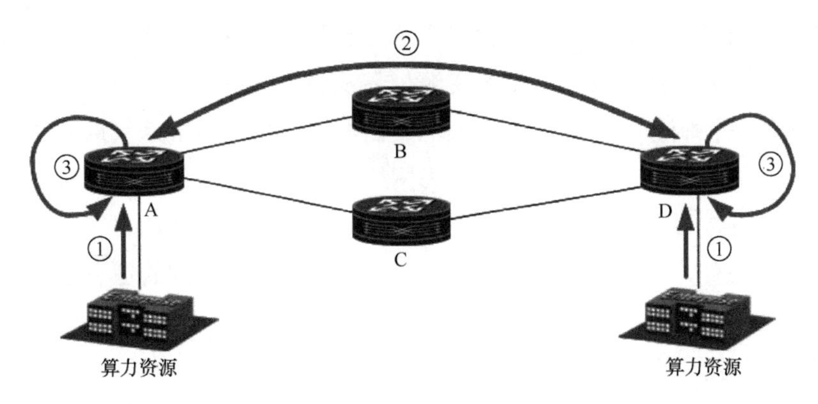

图 4-12 算力资源信息同步流程图

4.3.3 集中式交互技术

随着 IT 技术的发展，各类应用层出不穷，而不同应用对算力资源的需求侧重点也会有所不同，如二维图片的处理对 CPU 要求更高、视频和 AI 的处理对 GPU 的要求更高、网络报文的处理对 NPU 的要求更高等。根据不同的应用服务及所需算力资源的不同，在算力网络路由器上会生成不同的服务路由信息条目，每台算力网络路由器上的每条服务路由信息条目都会根据算力资源需求的不同指导转发。

当应用服务数量巨大、网络规模庞大时，每台路由器针对每个应用服务都需要获取全网信息后再独立进行路径的计算，此时，整个网络的维护工作量是令人无法接受的，所以为了算力网络运行的可行性，需要对算力网络进行统一管理，将信息的同步及路径的计算集中化，并且将服务路由信息表项完成计算后再下发给路由器，路由器只负责数据层面的业务报文转发，这与 SDN 的思想是一致的。

前面所描述的 CFN 技术是基于分布式架构的，而集中式架构与分布式架构的不同点在于路由器之间不需要直接通信，也不需要通过本地计算生成服务路由信息表，只需要根据算力网络控制器的下发表项，在本地生成表项指导转发即可。在集中式架构的设计中需要考虑，是将算力资源信息直接发送给算力网络控制器，由算力网络控制器统一进行计算，还是沿用在分布式架构中的思想，将算力资源信息发送给路由器，再由路由器发送给算力网络控制器。一般认为，相比路由器，算力资源节点数量庞大，如果每一个算力资源节点都需要与算力网络控制器进行通信，那么对于算力网络控制器来说压力过大，所以最终采用的是路由器继续承担算力资源信息搜集的责任，而算力网络控制器只负责将路由器搜集到的信息进行统一处理。总而言之，在集中式控制方式下，算力信息的交互是在路由器与算力网络控制器之间完成的。

算力网络控制器集中式控制方式下的工作流程如图 4-13 所示，步骤如下。

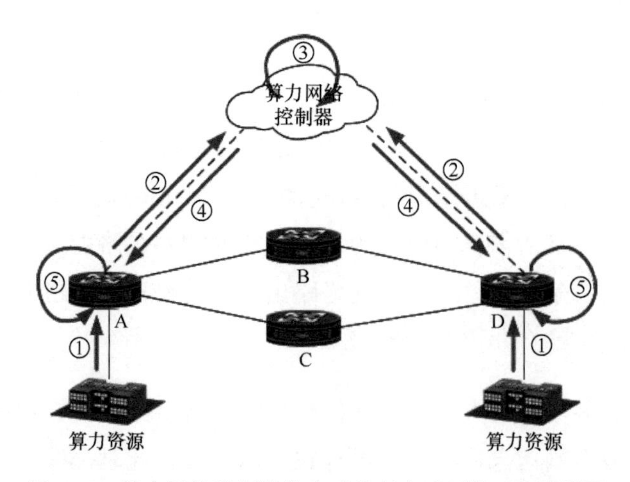

图 4-13 算力网络控制器集中式控制方式下的工作流程图

① 路由器 A 和 D 完成本地算力信息的搜集，搜集过程可以采用本地算力资源节点将算力信息注册给路由器的方式，也可以采用路由器周期性地进行信息采集的方式；

② 路由器 A 和 D 将算力信息承载在路由协议中，发布给算力网络控制器；

③ 算力网络控制器根据完整的算力信息进行网络拓扑计算，再完成服务信息流表的生成；

④ 算力网络控制器将服务信息流表下发给路由器 A 和 D；

⑤ 路由器 A 和 D 根据接收到的算力网络控制器发送的信息，在本地生成服务信息流表用于指导业务报文的转发。

4.4 确定性网络技术

互联网数据流量的激增导致大量的网络拥塞和数据分组时延，一些网络应用，如无人驾驶、远程医疗、在线游戏等需要端到端 10ms 以内的时延，以及微秒级的抖动。因此网络传输需要从“尽力而为”做到“准时、准确”。确定性网络为数据流传输提供极低的数据包丢失率、有限的端到端交付延迟和抖动。

全球移动数据流量预测报告显示，2020 年全球 IP 网络接入设备已达 263 亿，其中，工业机器连接已达 122 亿，相当于总连接设备的一半，同时高清和超高清互联网视频占全球互联网流量的 64%。然而激增的视频流量和工业机器应用带来了大量的拥塞崩溃和数据分组延迟，同时许多网络应用需要将端到端时延控制在微秒到几毫秒量级，将时延抖动控制在微秒级，如工业互联网中的数据上传和控制指令下发、远程机器人手术、无人驾驶、VR 游戏等，但传统网络只能将端到端时延减少到几十毫秒，如

图 4-14 所示是远程医疗所需的时延特征，因此迫切需要“准时、准确”的高可靠、低时延的确定性网络。随着未来网络架构和技术的快速发展，以及确定性网络在未来网络架构和技术中核心作用的突显，确定性网络正呈现着百花齐放的发展形势，成为各国和巨头企业都在争夺的制高点。

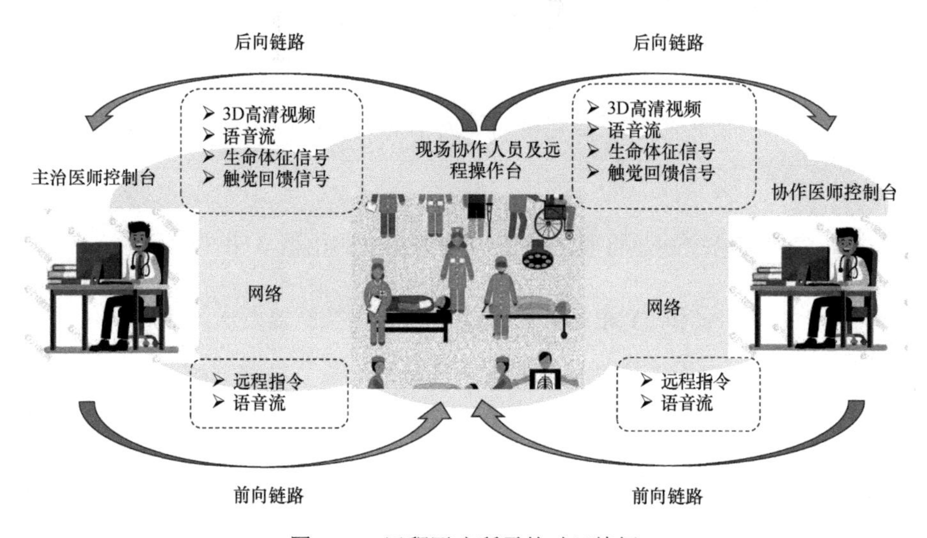

图 4-14　远程医疗所需的时延特征

1. FlexE 技术

灵活以太网（Flexible Ethernet，FlexE）技术为确定性网络提供了带宽保障。FlexE 技术可以实现 3 种应用模式，即链路捆绑、子速率和通道化，如图 4-15 所示。实现这些应用的 FlexE 的关键技术包括实现网络切片的 FlexE Shim 层结构、实现端到端传输的交叉传送、监控端到端传输的 OAM（Operation Administration and Maintenance，运营管理与维护）机制和提供可靠性的隧道保护技术。在 MAC 层以下，FlexE 实现业务的管道隔离，但不解决同一管道内的流量抢占问题。FlexE 通过在 Ethernet 的 L2（MAC）/L1（PHY）基础上引入 FlexE Shim 层实现了 MAC 与 Group/PHY 层的解耦，FlexE Shim 相当于给了 FlexE 自由身，可以与任意速率匹配。可以说，FlexE 的核心功能就是通过 FlexE Shim 实现的。

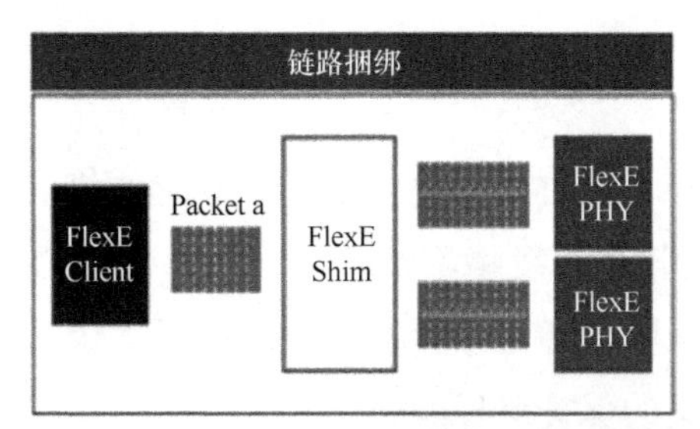

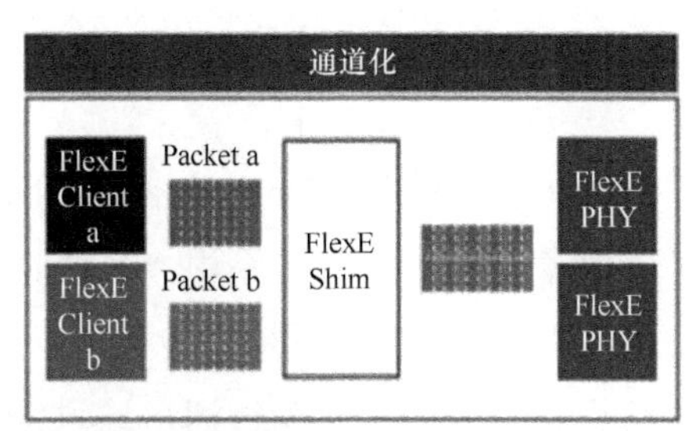

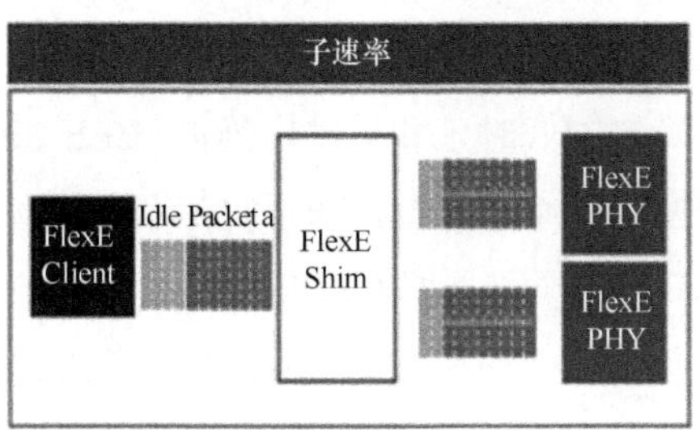

图 4-15　FlexE 可提供的 3 种确定性保障功能

当前 5G 网络建设已成为主流，基于 FlexE 切片技术的应用也得到了广泛关注。它所构建的 FlexE Tunnel，实现了端到端网络级的有效扩展，解决了大宽带传输问题，提高了网络运营商的运维能力、竞争能力，并且在 FlexE 技术的支持下，5G 业务信道化隔离技术应用逐渐呈现多样化，可满足不同行业领域不同业务的复杂需求，是 5G 非常重要的技术，具有良好的发展前景。

FlexE 标准的发展历程如图 4-16 所示。FlexE 是由 OIF 发布的通信协议，在以太网 L2（MAC）/L1（PHY）之间的中间层增加了 FlexE Shim 层；2011 年成立灵活以太网研究小组，于 2015 年发布草案，在 2016 年和 2018 年相继发表 FlexE 标准 1.0 和 2.0。

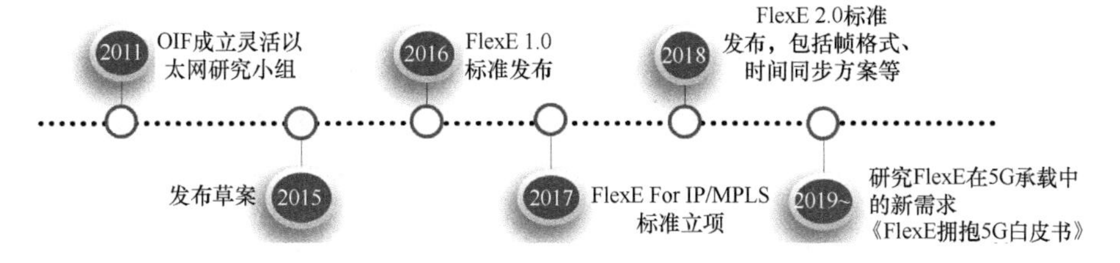

图 4-16　FlexE 标准的发展历程

2. TSN 技术

时间敏感网络（Time Sensitive Network，TSN）技术为确定性网络提供时延保障。TSN 技术体系由一系列的标准协议支撑，如图 4-17 所示，可以实现亚微秒级的时间同步、帧复制和消除。通过路径控制实现路径冗余、多路径选择，以及队列过滤，通过定义的保护路径、带宽预留、数据流冗余、流同步和流控制信息的参数的分配，实现显式转发路径控制；通过帧预占和流量整形保证确定的低时延和抖动。当前 IEEE 802.1Qcc 提供了一套集中式的全局管理和控制网络的工具，可通过远程管理协议（如 NETCONF 或 RESTCONF）执行资源预留、调度和其他配置。在当前的时延敏感网络中，全网时间同步、流预留、时隙配置与队列调度、突发整形、TT（Time-Trigger）流与 BE（Best-Effort）流资源管理及动态分配等均需要更先进的网络操作系统的支持。

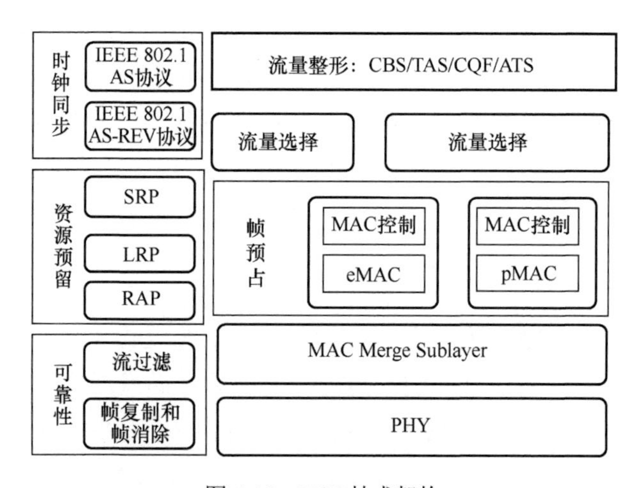

图 4-17　TSN 技术架构

在标准体系的制定组织方面，如图 4-18 所示，IEEE 802.1 TSN 工作组定义了 TSN 用于不同垂直行业的应用类标准，如已经完成的 802.1CM 项目定义了 TSN 应用于移动前传网络的标准。2018 年由 IEC 和 IEEE 联合立项了 P60802 工作组，其目标是定义 TSN 应用于工业自动化网络的方案

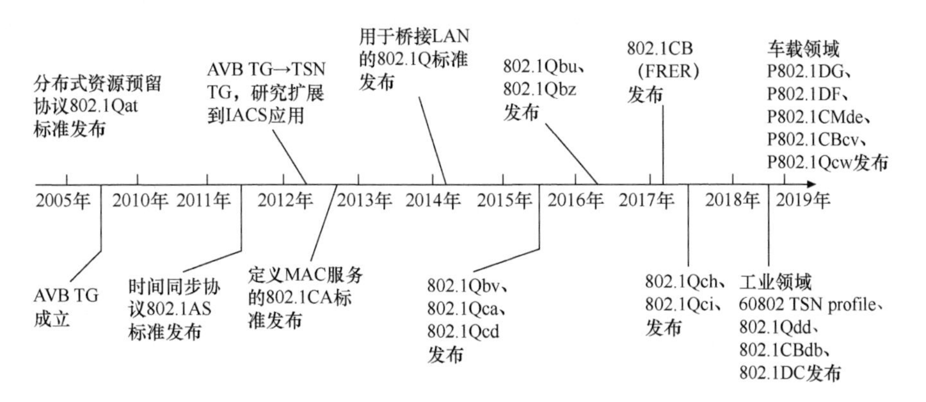

图 4-18　TSN 标准发展情况

类标准。2019 年立项了 IEEE 802.1DG 工作组，其目标是定义 TSN 应用于车载网络的方案类标准。

在产业领域，华为、思科、Moxa、新华三等厂商均在研发 TSN 测试床和 TSN 交换机。BROADCOM、MARVELL、NXP、ADI 已发布多种不同规格的用于交换机的 TSN 芯片，分别对标工业现场设备、车载网络场景、车载网关、车载 ECU、海量的 TSN 网桥转换模块市场。TTTech、SOCE、Xilinx 等公司也已公开宣称可以提供与 TSN 相关的芯片。

3. DetNet 技术

DetNet 技术将确定性网络的应用范围扩展到广域网。DetNet 实现 IP 网络从 Best-Effort 到准时、准确、快速控制并降低端到端的时延。DetNet 涉及的关键技术包括拥塞保护、显性路由、抖动消减、分组复制与消除四个部分。拥塞保护是指节点进行带宽和缓存资源预留，同时在输出端口调节数据速率不超过设定的 DetNet 客户速率，以避免下一节点缓存资源超限；显性路由是通过确定数据流的承载临时或永久路由，避免网络中任何一个拓扑变动而引起路径变化带来的丢包及时延抖动；在抖动消减方面，DetNet 采用亚毫秒级的节点间时间同步机制，加上借鉴 TSN 的刚性转发技术来消减时延抖动；分组复制与消除是指对单路径传输可能因路径上的链路、节点等故障导致的丢包及时延，通过分组复制将数据流向多种路径散发，同时在流接收节点，根据流 ID 及序列号进行冗余帧的消除，如图 4-19 所示。

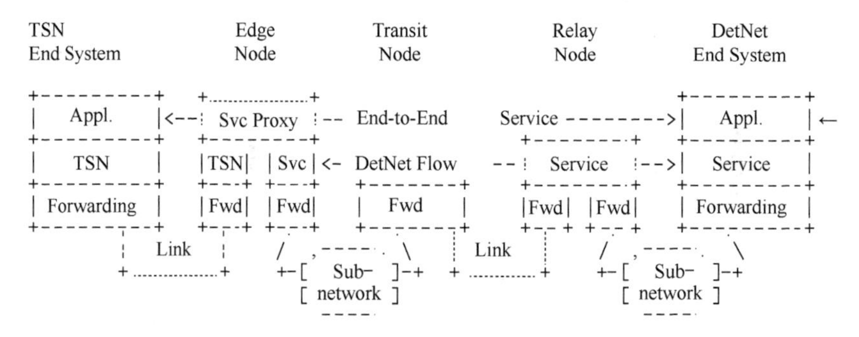

图 4-19 DetNet 的网络模型（IETF RFC 8655）

2015 年，IETF 成立 DetNet 工作组，专注在第二层桥接和第三层路由上实现确定传输路径。DetNet 工作组的目标在于将确定性网络通过 IP/MPLS 等技术扩展到广域网上。其标准化工作情况参见表 4-2。

表 4-2 IETF 关于 DetNet 的标准化工作情况

总体架构	该工作包括数据平面、OAM、时间同步、管理、控制和安全方面
数据平面	这项工作将记录如何使用 IP 和/或 MPLS，以及相关的 OAM，以支持流识别的数据平面方法和第三层上的数据包转发
控制面	“控制面和管理面的集合”。这项工作将记录如何使用 IETF 控制面解决方案来支持 DetNet
数据流信息模型	这项工作将确定数据流建立和控制所需的信息，并被保留协议和 YANG 数据模型所使用
YANG 模型	这项工作将记录设备和链接能力（如特性支持）及资源（如缓冲区、带宽），以便在设备配置和状态报告中使用

2015 年，IETF 成立了 DetNet 工作组，与负责第 2 层操作的 IEEE802.1 时间敏感网络（TSN）合作，为第 2 层和第 3 层定义通用架构。目前 IETF DetNet 工作组已经完成总体架构、数据平面、控制面、数据流信息模型，以及 YANG 模型等交付成果。ETSI 行业规范组织（Industry Specification Group，ISG）的下一代协议组（Next Generation Protocols，NGP）也有针对确定性网络的研究和标准草案。

4. DIP 技术

华为提出的确定性 IP 技术（Destination Internet Protocol，DIP）适用于三层大规模网络的确定性传输。该技术要通过逐流控制面准入、路径规划和带宽预留，每流在周期内预留一定字节，然后在边缘节点基于约定的流量模型进行整形、报文打标签、填入周期队列，在后续节点基于周期标签做周期映射和标签交换，基于新标签做入队转发、邻居学习周期映射，最后在尾节点去除周期标签，将报文发给接收端，如图 4-20 所示。

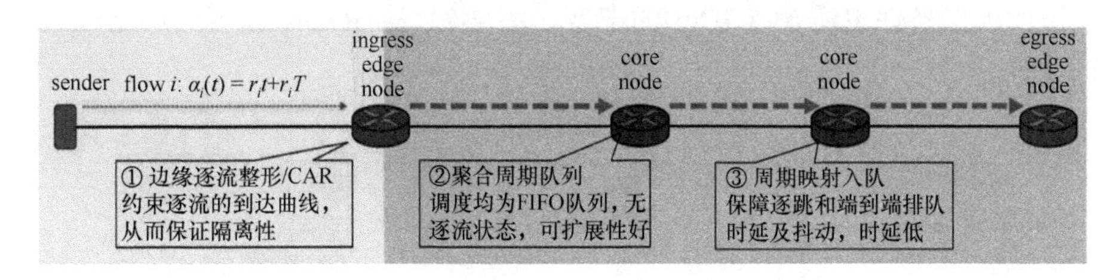

图 4-20 DIP 技术示意图

该技术在 2020 年报道的北京-南京的实际网络测试中，相对于传统 IP 转发最大约为 2800 微秒抖动，DIP 端到端的抖动最大为 30 微秒。

5. 5G 确定性技术

在 5G 产业链中，运营商以先进的通信技术及链接技术为锚点，根据自己的战略承担着各种不同角色和更多责任。运营商提供从连接基础设施到连接服务，再到数字化平台，甚至是行业相关应用的服务。5G 确定性技术的目的是打造可预期、可规划、可验证，以及能保障确定性传输的能力。5G 以切片技术、智能边缘计算技术、原生云技术为基石，打造“差异化+确定性”的通信能力。

5GDNA（5G Deterministic Network Alliance，5G 确定性网络联盟）成立于 2019 年，是由中国移动、中国电信、中国联通、中日友好医院、华为公司等单位，联合多媒体、能源互联网、工业互联网、医疗、车联网等行业伙伴共同发起的产业联盟，旨在推广和打造 5GDN（5G 确定性网络）、构建共赢生态、加速商业闭环、使能和促进 5G 产业发展。

3GPP 引入多个关键技术来增强 5G 确定性传输能力，并在 Rel-16 中明确支持 TSC 时延敏感通信；Rel-15 支持 eMBB，提供低时延的大带宽的基本能力；Rel-16 支持典型 2B 场景，提供时延+可靠性的确定性通信；Rel-17 拓宽确定性通信支持的 2B 场景，向垂直行业开放 5G 确定性能力。在 5GDN 的部署方面，部分对 SLA 确定性要求较高的行业可优先部署。以电力行业为例，其本身需要数字化转型，并且电网本身具备的高度隔离的天然条件也适合 5GDN 的部署。图 4-21 是 5GDN 部署的确定性发展计划。

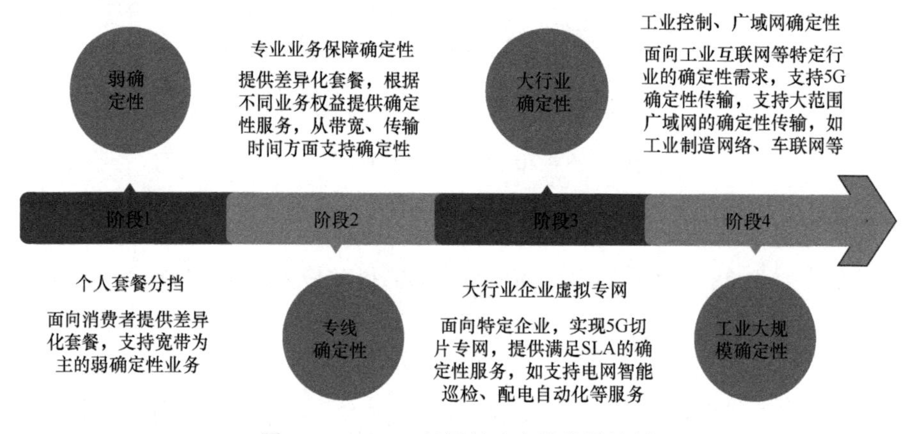

图 4-21　5GDN 部署的确定性发展计划

算力网络中的确定性技术可以保障算力网络精准调度算力，为用户提供准时、准确、优质的算力服务。在算力网络中，由于算力是云、边、端的泛在形式，所涉及的确定性技术也因不同的场景而需求不同。

算力网络确定性传输如图 4-22 所示，算力网络中的算力呈现云、边、端的分布形式：对于云端，其设备可能是小型的数据中心或超级计算中心，涉及芯片为 CPU、GPU、NPU 等，由于云端距离用户较远，一些非实时性业务，如负责算法的训练、大体量数据样本的分析等，云端将训练和分析的结果以算法的形式及时更新到边侧。对于需要多边协同或云边协同的业务对云端到边侧的传输有确定性传输需求，如自动驾驶业务，由于车辆的连续云端对所设计的边缘节点切换频繁，这就需要云端决策业务将要切换的目标边缘节点，以及能将决策结果在确定的可接受范围内下行传输到相应的边侧。对于边侧，可能涉及的设备是网关、服务器或边缘计算平台，边侧比较贴近用户，承载的业务多为轻量级的运算，以及对终端数据的提取、判断并上传到云端。对于端侧，会涉及含有 CPU、GPU、基带、AI 模块、DSP 及编/解码等手机或计算机终端设备。端侧最贴近用户，负责用户数据收集、部分数据就近闭环，以及大部分数据上传的任务。端侧与边侧的数据通信则可能涉及跨域的确定性传输。

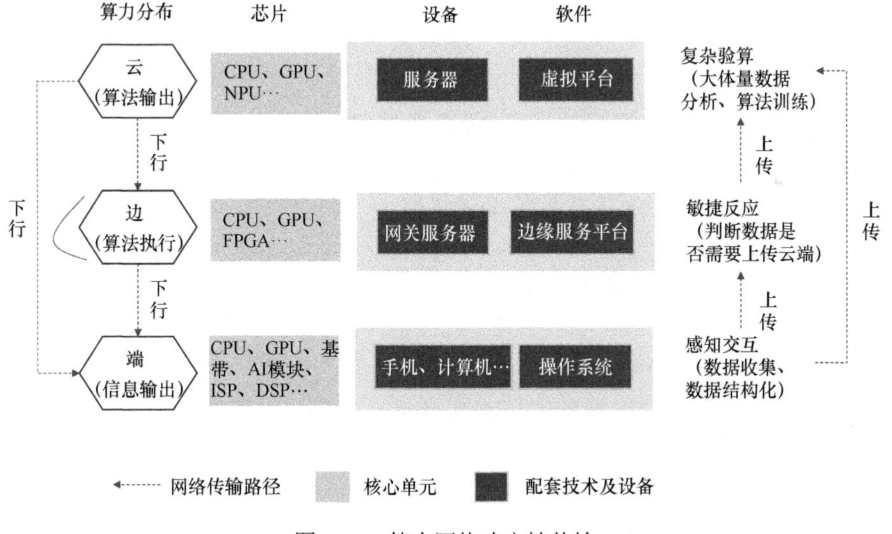

图 4-22 算力网络确定性传输

算力网络可以实现智能 TSN 工厂的远程控制，如图 4-23 所示，TSN 协议族可以支持在特定的局域网络中做到实现确定性时延，但是形成了孤岛，如某个独立的工业园区。在实际应用中，某些工业互联网智能制造场景，需要远程来精准控制现场的操作，此时需要基于确定性的 IP 来实现确定服务时延。目前有基于 DetNet 和 DIP 技术实现的 TSN 域互通技术。

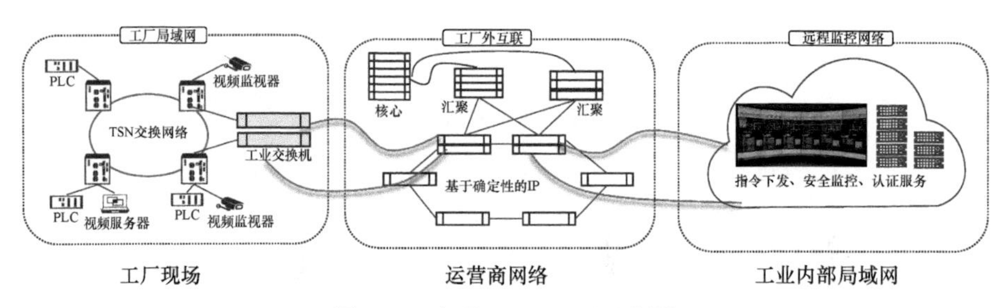

图 4-23 智能 TSN 工厂示意图

算力网络中确定性传输还面临很多挑战，列举如下。

挑战 1：实现端到端极致的确定性业务体验。

在工业互联网和车联网场景下的应用系统中，典型的闭环控制过程周期可能低至毫秒级，同时对可靠性也有极高要求，对于业务的传输有十分严格的确定性要求。若这些业务要实现远程控制、多域互联，则需要整个算力网络系统中的各个传输环节，包括利用 5G 的接入部分、跨域的确定性传输及域内的传输进行性能优化和系统整体处理效率的提升，只有这样才可能实现端到端的极致高可靠低时延。

挑战 2：实现异构系统、异构网络、异构算力的精密协作。

算力网络系统承载各类业务，使能各类算力的全面连接和精密协作，以智能工厂为例，生产设备、移动机器人、AGV 小车等智能系统内部存在异构的网络连接，并且系统又可能通过不同的方式接入算力网络中，需要实现智能工厂内部与外部的互联，TSN 技术基于标准以太网协议解决数据报文在数据链路层中确定性传输问题，可应用于工厂内部；基于 DetNet 或 DIP 的技术则可以实现跨工厂或远程的长距离确定性传输。算力网络不同形式的算力及系统需要精密协作，一同实现算力网络中优质的数据传输。

挑战 3：差异化承载不同业务，保障传输质量。

算力网络中跨域的确定性传输需要整合网络资源，合理按需调度，并能合理分配确定性指标，配合精确时间同步、流量调度等核心特性，可为不同类型的业务流量提供智能化、差异化的确定性服务。

确定性网络是未来网络体系架构中支撑业务确定性可控需求的重要基础，也是实现空天地一体化组网，实现空间网络切片、路径、带宽、时延控制，支撑全时空、万物互联、泛在接入的关键突破技术，还是解决现有 IP 网络服务质量无保障问题的核心所在。

4.5 数据中心网络技术

数据中心作为数据的中心、计算的中心、网络的中心，支撑新一代信息技术加速创新，支撑数网协同发展，推动网络强国建设。数据中心作为数字经济领域基础设施，会随着“新基建”的推进而持续扩大规模。一方面，政务、金融等传统企业，通过建立数据中心或使用公有云服务部署促进企业数字化转型，实现企业上云；另一方面，数据中心将成为新兴信息技术应用的核心载体，为 5G、人工智能、物联网、大数据等新兴产业提供强大的技术底座。绿色成为数据中心发展的关键主体，从政策到应用开展了大量探索与实践。

新型业务场景驱动网络技术创新，数据中心网络向零丢包、低时延、高吞吐方向变革。大型在线数据密集（OLDI）服务、高性能深度学习网络、NVMe（非易失性内存主机控制器接口规范）高速存储业务等场景的大量应用，使得数据中心面临内部东西向流量激增、网络阻塞、高延时等问题。如何保证数据在网络中更快、更高效地传输，是数据中心在网络方面需要解决的瓶颈，也是提高数据中心性能的关键所在。

为了降低数据中心内部的网络延迟，提高处理效率，RDMA（Remote Direct Memory Access，远程直接内存访问）技术应运而生。它的出现为新兴业务的高效应用提供了新机遇。其实现了在网络传输过程中两个节点之间缓冲区数据的直接传递，而无须双方操作系统的介入。这适用于大带宽、低时延的网络通信，特别适合在大规模并行计算机环境中使用。相比于传统的网络传输，RDMA 无须操作系统和 TCP/IP 的介入，可以轻易实现超低时延的数据处理、超高吞吐的传输。RDMA 允许用户态的应用程序直接读取和写入远程内存，而无须 CPU 介入多次复制内存，并可绕过内核直接向网卡写数据，从而实现了高吞吐、超低时延和低 CPU 开销的效果。RDMA 在传输层 / 网络层的发展经历了 3 种技术，即 Infiniband、iWarp 和 RoCEvl / RoCEv2。

Infiniband 是为 RDMA 多生定制的网络技术，从硬件的角度进行全新设计来保障数据传输的可靠性。其提供了基于虚拟通道的点对点的消息队列传输，每个应用都可通过其所创建的虚拟通道直接获取本应用的数据消息。RDMA 在早期采用 Infiniband 作为传输层，因此必须使用 Infiniband 交换机和 Infiniband 网卡才可实现。

互联网广域 RDMA 协议（internet Wide Area RDMA Protocol，iWarp）也称作 RDMA over TCP 协议，是 IEEE / IETF 提出的 RDMA 技术。其使用 TCP 协议来承载 RDMA 协议，这样就可以在标准的以太网环境中使用 RDMA，同时网卡要求能够支持 iWarp。实际上，iWarp 可以在软件中实现，但这样就没有了 RDMA 的性能优势。

考虑到未来云网一体化下业务的端到端需求，基于以太网的 RoCE（RDMA over Converged Ethernet）技术已经逐步替代无限带宽 Infiniband 等专用技术成为主流技术。RoCE 标准在以太链路层之上用 IB 网络层代替了 TCP / IP 网络层，不支持 IP 路由功能。在 RoCE 中，Infiniband 的链路层协议头被去掉，用来表示地址的 GUID 被转换成以太网的 MAC。

由于 RoCEv1 的数据帧不带 IP 头部，所以只能在 2 层网络内通信。为了解决此问题，2014 年 IBTA（Infiniband Trade Association）提出了 RoCEv2，将 GRH（Global Routing Header）换成 UDP header+IP header。采用 UDP Port 4791 进行传输，虽然 UDP 效率比较高，但不像 TCP 那样有重

传机制等来保障传输的可靠，一旦出现丢包，必须依靠上层应用发现后再做重传，这就会大大降低 RDMA 的传输效率。为了适配服务器传输 RoCE 流量的高效性，数据中心网络必须综合解决分组丢失、时延、吞吐等多方面的问题，构建零分组丢失、低时延、高吞吐的无损网络，主流技术包括流控制、拥塞控制和负载均衡等。

1. 零丢包实现技术

为满足数据中心零丢包损失的要求，需要解决流量传输过程中存在的误码、丢包、流量拥塞控制等问题。一种方法是使用恢复丢包的技术手段，如应用 RFC 6363 标准规定的 FEC 技术，在数据流中添加冗余纠错码，可以减小数据流在传输过程中的误码概率；而对于流量拥塞控制问题，则需要使用多种技术手段予以解决：

（1）流量控制，如使用 Pause、PFC、DVL、VIQ 等技术。IEEE 802.3 标准规定的 Pause 技术，将根据内存状态暂停设备间数据流的发送；IEEE 802.1 Qbb 标准规定的 PFC 技术，将控制发端发送特定优先级的数据流；IEEE 802.1 Qcz 提出的 DVL 技术，将造成拥塞的数据流进行隔离；IEEE 802 Nendica Report 提出的 VIQ 技术，在出口端附近为每一个入口端建立一个虚拟专有链路，使数据包能够以一种更有序的数据流排列方式进入传输链路。

（2）拥塞控制，如使用 ECN、PPH 等技术。RFC3168 规定的 ECN 技术，通过拥塞点向发端发送反馈信息，控制发端数据流的发送速率；使用 IEEE 802 Nendica Report 提出的 PPH 技术，通过综合发端、收端、网络的全局信息给出调度决策。

（3）负载分担，如使用 ECMP、LPS 等技术。使用 IEEE 802.1 Qbp 标准规定的 ECMP 技术，将流量分布到多条等价路径上，从而达到平衡网络负载的目的；使用 IEEE 802 Nendica Report 提出的 LPS 技术，根据不同链路的负载情况决定数据流的传输途径，并将数据流拆分成数据包，按照当前的网络负载情况决定各个数据包的传输路径。

典型的基于 RoCEv2 的高性能以太无损网络部署方案运用 ECN 结合 PFC 来处理网络拥塞。PFC 的目的是实现零丢包的无损传输，其优点是基于全双工，反应快，能够快速缓解拥塞，用于处理网络流量突发是不错的选择，但 PFC 存在死锁等潜在问题，常用的解决方法是优先触发 ECN 报文，用来减少网络中 PFC 的数量，在 PFC 生效前完成流量的降速。此方案虽然得到一定的应用部署，但是仍存在一定的局限性。各参数配置基本为静态手工完成，且每次优参数的调整都需要有经验的工程师持续遍历尝试。

2. 低时延实现技术

数据中心要想实现无时延损失，则离不开对流量拥塞和传输时延的控制，其中，对流量拥塞的控制需要用到的技术手段与零丢包需求一致，主要通过使用流量控制、拥塞控制、负载分担技术来解决。

所谓时延不是指网络轻负载情况下的单包测试时延，而是指满负载下的实际时延，即流完成时间，可分为静态时延和动态时延两类。静态时延包括数据串行时延、设备转发时延和光电传输时延。这类时延由转发芯片的能力和传输的距离决定，且这类时延往往有确定的规格，目前业界普遍为纳秒级或亚微秒级，而真正对于网络性能影响比较大的是动态时延，占比超过 99%。动态时延包括内部排队时延和丢包重传时延，这类时延由网络拥塞和丢包引起。

传输时延问题通常需要使用路径规划手段解决，路径规划一般采用常见的 SDN/SR 技术。其中，RFC7426 标准规定的 SDN 技术，通过集中部署的控制层可实现拓扑管理、资源统计、路由计算、配置下发等功能，获得全网资源的使用情况，从而从全局角度对网络中的所有路径进行规划。由 RFC 8402 标准规定的 SR 技术，通过使用路径标签机制来指定路由数据包必须通过的网络路径，即控制器会先计算隧道的转发路径，并将与路径严格对应的标签栈下发给转发器，随后在隧道的入节点处，转发器根据标签栈对数据包进行转发，进而实现控制业务的转发路径。

3. 高吞吐实现技术

网络要做到无吞吐率损失，则涉及的主要问题为头端拥塞与流量分担不均。使用拥塞流隔离的技术手段可以很好地解决头端拥塞问题，如使用 Pause、PFC、DVL 技术通过对数据流进行控制，实现从源头上减少拥塞流的产生或将已造成拥塞的数据流进行隔离。

针对网络中存在的流量分担不均的问题，可采用宏观流量规划与微观流量调度的技术手段：从宏观角度主要采用 SDN、SR、DIP 网络技术对流量进行规划；从微观角度使用 LPS 技术，通过感知路径的拥塞程度，将更细粒度的数据流分发到多条路径上进行传输。

4. 其他关键技术

当前主流的 RDMA 拥塞控制机制，如 DCQCN（Data Center Quantized Congestion Notification，数据中心量化拥塞通告），其要求目的端设备周期性地构造并发送 CNP（Congestion Notification Packet，拥塞通告报文），将当前周期内的 ECN 信息反馈到源端，源端设备根据收到的 CNP，调节发送速率。其是端到端的流速控制管理，即当网络节点（交换机）发生拥塞时，仅仅会打上拥塞标记，等接收端接收到带拥塞标记的消息时，再通知发送端进行降速发送。这种网卡到网卡的拥塞控制机制，可能会造成两个问题：一是，当网络节点拥塞时，必须等到接收端通知源端降速才能开始拥塞管理，反馈周期过长，拥塞控制效率较低；二是，目前的拥塞标记仅仅能让网卡端感知到网络拥塞，而无法得知具体的拥塞点，因此无法根据网络的当前拥塞程度来适时调整发送速率。需要网络协同机制以实现快速收敛，可以有效减少拥塞控制/反馈时间，同时具备更为精准的拥塞感知，当网络发生拥塞时，网络可以感知到当前和预期的拥塞程度，并可以根据网络拥塞情况，适当调整流速。

目前业界普遍的百 G 级带宽、微秒级延时的高性能网络设施，需要协议栈具备极高的处理速度，因此将协议栈的处理卸载到网卡 ASIC 芯片上实现是目前普遍采用的方式。但是不断变化的应用场景对网络协议栈功能的新需求又层出不穷，在此背景下，智能网卡技术得到了广泛发展。智能网卡同时具备高性能及可编程的能力，既能处理高速的网络数据流，又能对网卡进行编程实现定制化的处理逻辑。现在典型的智能网卡有两种实现方式：一种是采用可编程门阵列 FPGA 实现；另一种是采用专用的 NP 实现。这两种方式各有优缺点：在性能方面，通过直接烧写硬件逻辑的基于 FPGA 的智能网卡性能更高，而 NP 则采用多核的方式来加速整个网卡的处理能力，但其每个核的处理能力与通用 CPU 性能相比并无特别优势，因此对于单一网络流的处理性能较低；在可编程性方面，基于 FPGA 的智能网卡可编程性相对较低，开发难度也较大，而 NP 则具备较高的可编程性，具有几乎和通用 CPU 相当的表达能力，可实现灵活的处理逻辑。

5. 应用场景

在数据重点的 CLOS 架构网络中，应用无损网络技术主要实现了丢包和吞吐率的网络性能提升，如图 4-24 所示。

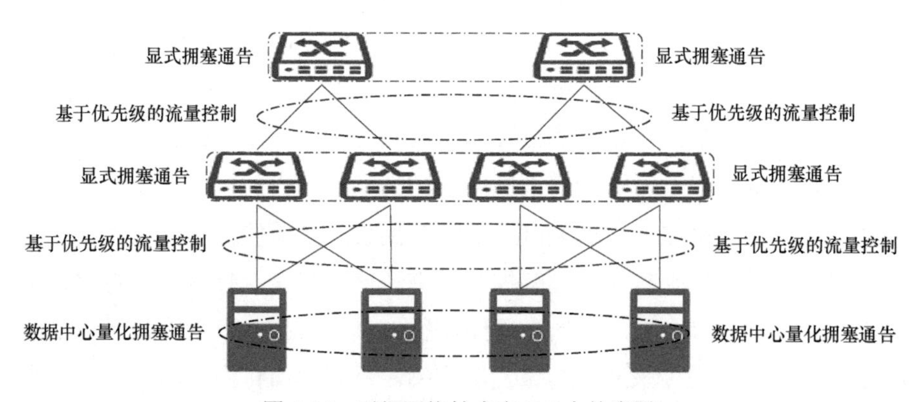

图 4-24　无损网络技术在 DC 中的应用

（1）为了避免拥塞丢包，需要在 Leaf 与 Spine 之间部署 PFC 流控技术，同时 Spine 设备也需要支持基于拥塞的 ECN 标记。

（2）Leaf 作为服务器网关，支持和服务器之间基于 PFC 的流量控制，同时支持拥塞 ECN 标记，为了提高吞吐量，需要在服务器网卡支持 DCQCN，将发送速率调整到最优。

（3）全网设备部署 PFC、ECN，基于业务特征配合可视化技术，利用 SDN 控制器根据业务流量特征实现调优，为网络的稳定运行提供无损保障。

物联网、人工智能、VR/AR 等新型技术及应用缔造“云计算+边缘计算”的新型数据处理模型，数据中心将呈现两极化发展。一方面，资源逐步整合，云数据中心规模越来越大；另一方面，将涌现大量边缘数据中心，以保障边缘侧的实时性业务。云数据中心将时延敏感型业务卸载，交由边缘数据中心处理，减少网络流量和往返延迟。边缘数据中心负责实时性业务、短周期数据存储业务，云数据中心负责非实时性业务、长周期数据存储业务，从而保证用户的良好体验。

MEC 部署在靠近基站的接入环、接入汇聚环等边缘位置，使得内容源最大限度地靠近终端用户，甚至可以使终端能够在本地直接访问到内容源，从数据传输路径上降低端到端业务响应时延。例如，AR/VR 业务要求端到端时延需小于 20 ms，以消除用户的眩晕感，5G 更是提出了 1 ms 端到端时延来支撑自动驾驶等时延敏感业务。MEC 通过将对应的网络功能部署在最靠近用户的边缘位置，使业务达到极致体验。据研究，未来有 70%的互联网内容都可以在靠近用户的城域范围内终结；基于 MEC，可以将这些内容存储在本地，MEC 与终端用户之间的传输距离缩短，流量在本地被卸载，从而节省了 MEC 到核心网和 Internet 的传输资源，进而为运营商节省 70%的网络建设投资。目前，越来越多的细分领域希望基于电信网络实现行业定制，通过 MEC 提供开放的平台可实现电信行业和垂直行业的合作业务创新。

承载 MEC 应用的网络，尤其是 MEC 内部网络性能的好坏对用户的业务体验影响尤为敏感，因此引入无损网络改善 MEC 的网络质量，保持网络高吞吐、低时延、零丢包的特性，从而进一步提升用户侧的应用体验，如图 4-25 所示。

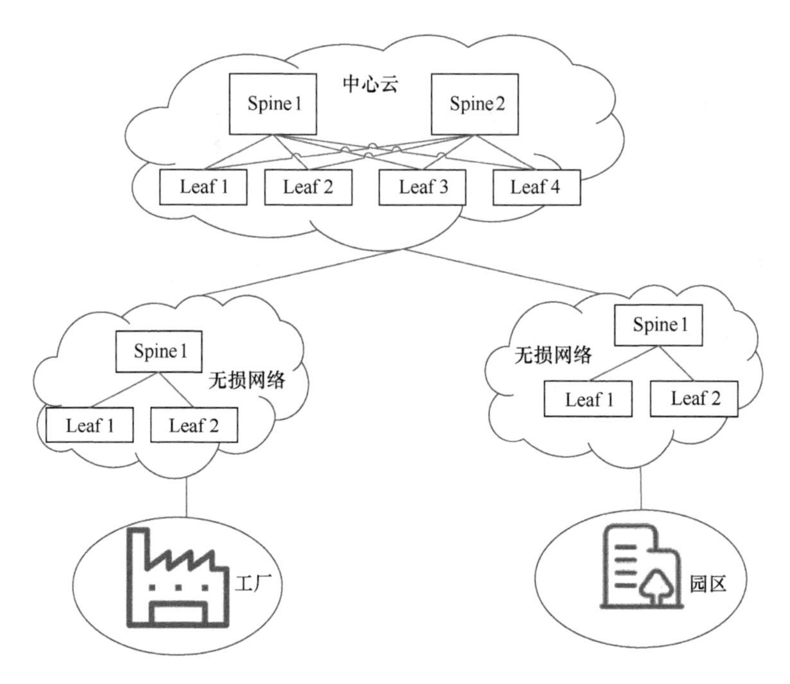

图 4-25　基于 MEC 的无损网络的应用场景

MEC 的应用场景主要聚焦在满足不同业务对低时延和高带宽要求的层面，根据产业、生态，以及应用的发展状况，主要从短期、中期、长期三个阶段来规划并实施。

（1）短期集中在本地大流量业务，智慧工业、校园等园区业务，并结合网络能力开放，在上述场景中 MEC 提供本地业务的订购和发放能力。

（2）中期考虑 AR 等相关行业应用，充分利用无线带宽资源，并发挥出 MEC 在边缘“5G+计算”的处理能力。

（3）长期可进阶到以自动驾驶为代表的车联网业务及移动性较强的无人机业务，让产业带动网络的发展，从而实现 MEC 的广泛、规模部署。

4.6 可编程芯片技术

传统 IP 网络设备采用的是分布式控制架构，每台设备同时具备控制功能和转发功能，但其转发芯片的功能相对固化。随着理论研究工作的纵深发展，相关技术已相对成熟，为促成其进一步的落地部署，需要底层设备扩展支持新的协议，但“紧耦合”的传统网络设备对新功能的开发迭代周期长，难以满足算力网络对设备灵活性和随需可扩展性的需求。在这些需求的推动下，致力于转控分离的 SDN 技术和以实现软硬件解耦为目标的网络设备白盒化技术相继产生，以此来实现软硬件设施的按需灵活配置，缩短算力网络相关设备的研发周期，最终为算力网络的落地部署提供强有力的技术支撑。

过去十年间，业界各方合力共建的 SDN 产业发展态势良好，所提供的解决方案为用户开放了网络控制平面可编程的能力，然而转发平面在实现算力网络相关协议扩展方面还存在技术壁垒，目前已经出现了几种数据平面可编程技术致力于解决上述问题。

1. 协议无关可编程架构

可编程协议无关包处理器（Programming Protocol-Independent Packet Processors，P4）是一种高级编程语言，致力于解决 OpenFlow 编程能力不足及其设计本身所带来的可拓展性差等问题，目前已在国内外引起足够重视，ONF（Open Network Foundation，开放网络基金会）还专门成立了协议无关转发的开源项目，旨在为 P4 提供配套的中间表示，项目的工作成果将被用来设计下一代 OpenFlow 协议。

P4 语言最初的核心设计理念是为了实现以下 3 种特性。

（1）协议无关性：意指网络硬件设施不和任何特定的网络协议存在绑定关系，通过 P4 语言，用户可实现自定义包解析器、匹配–动作表的匹配流程和流控制程序，从而自行定义和描述任何网络数据平面的协议，以及数据包的处理方式。

（2）目标无关性：其含义是用户在实现对数据包处理方式的编程描述时无须关心底层硬件细节，主要通过前、后端编译器的配合而实现，其中，前端编译器将 P4 高级语言程序转换成中间表示，后端编译器将中间表示编译成设备配置，然后自动对目标设备进行配置。

（3）可重构性：使得用户可以随时改变包解析和处理的程序，通过编译后直接对交换机进行配置，从而实现真正的现场可重配。

基于 P4 语言构建的协议无关交换机架构（Protocol Independent Switch Architecture，PISA）确定了用于处理数据包的小的原始指令集，以及可以快速连续处理数据包头的统一的可编程流水线，用于实现完全在用户程序控制下对数据包的全速处理。该架构包含以下组件：解析器/逆解析器、匹配动作表、元数据总线。除元数据总线之外，其他组件都是非必需的。

① 解析器负责将分组数据转化成元数据。

② 逆解析器则将元数据转化成序列化的分组数据。

③ 匹配动作表用于对元数据进行操作。

④ 元数据总线用于在流水线内存储数据信息。

可自行定义的流表整合了网络中各个层次的网络配置信息，从而在进行数据转发时可以使用更丰富的规则，其中，控制平面下发的流表从匹配字段到动作都必须与 P4 语言程序中定义的匹配动作表相一致，如图 4-26 所示。

与提供固定功能 ASIC 的软件开发工具包相比，可编程芯片软件开发环境提供了更多的新增功能，如 P4 语言编译器、调试工具等。其提供了一整套用于开发、调试和优化 P4 应用程序的工具，允许数据平面的自定义功能。此外，设备和抽象 API 允许开发人员轻松地将 P4 应用程序与本地或远程控制平面集成。这些工具和 API 使原始设备制造商、云运营商、电信运营商和生态系统合作伙伴能够构建具有高度差异性的适用性强的网络解决方案。

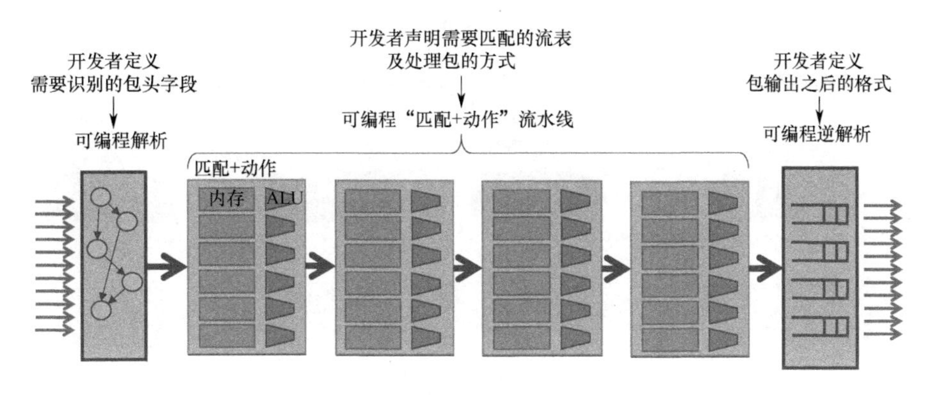

图 4-26　协议无关交换机架构

2．榫卯可编程架构

新一代榫卯可编程模型如图 4-27 所示，其将传统网络转发架构和灵活可编程能力以相互嵌套的方式融合在一起，达到既可以无缝覆盖原有传统网络，又可以适应新型网络转发模型和特性的目的，从而支撑网络技术的快速演进。

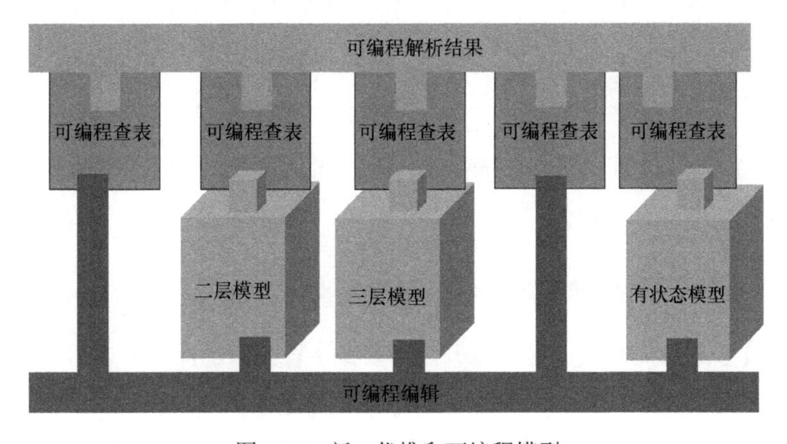

图 4-27　新一代榫卯可编程模型

如图 4-28 所示，榫卯可编程架构由可编程解析、可编程 BUS、可编程组 KEY、可编程组 AD 及可编程编辑五个组件构成。其中，可编程 BUS 是连接各可编程组件的纽带，通过 Encode 和 Decode 的方式，芯片中的各个可编程组件都可以用可编程的方式提取和传递信息。

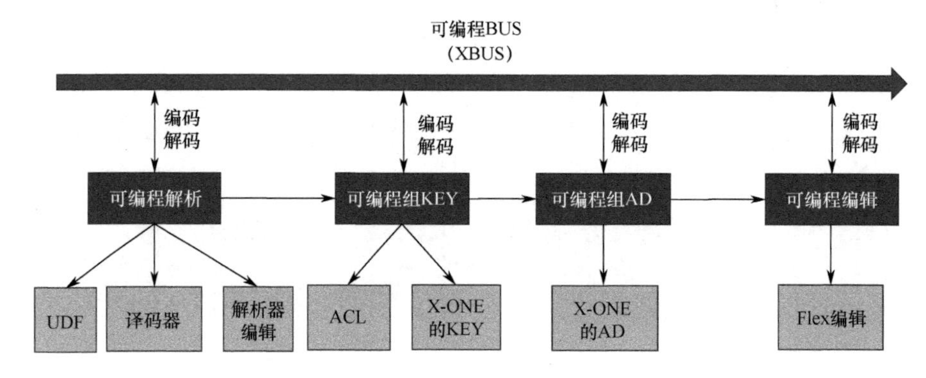

图 4-28 榫卯可编程架构组件

1）可编程 BUS（XBUS）

XBUS 是 X-ONE（X On-demand Network Engine，按需网络引擎）模块的一个可编程 BUS 集合，是 X-ONE 的核心要素，也是原有 BUS 的一个补充。其贯穿整个芯片的所有 Pipeline，几乎可以和所有模块进行交互，芯片中各模块通过可编程的 Decode 方式对 X-ONE 上的 BUS 进行想要的信息提出，同时可以把产生的信息通过可编程的 Encode 方式对 X-ONE BUS 进行填充。

2）可编程解析

可编程解析是在传统解析的基础上，增加以下 3 个模块实现功能叠加，以此来增强可编程性：

（1）UDF（User Defined Field，用户定义字段）组件。

通过匹配报文和端口等信息确定需要做字段提取的流，并以可编程的方式提取报文头前 128 B 以内的任意 8 个 2 B 字段给后续模块使用；共支持两级的 UDF 提取，可以将两次提取结果合并，达到 16 个 2 B 字段的规格。

（2）Decoder 组件。

嵌套在 Parser 模块中的可编程解析组件，在类似 ACL、FIB 等传统查找模块中已经代替原有的传统解析结果进行使用，该组件基本重新定义了报文的字段解析，对报文字段提取可以做到灵活可编程。

（3）Parser Ext 组件。

该组件是传统解析的一个有效补充，能对特定的二、三、四层之后的信息进行 16 B 的整体提取，然后可编程 Encode 对 X-ONE 进行填充，为后面的模块提供信息。

上述 3 种可编程解析组件各有特点，可根据场景需要灵活选择，其中 Decoder 组件内容最为丰富，UDF 组件最为灵活，Parser Ext 组件最为轻便。

3）可编程组 KEY

可编程组 KEY 分为两类，即可编程 ACL 和依赖于 X-ONE 实现的 XKEY。

（1）可编程 ACL

相比于传统的 ACL，可编程 ACL 能通过用户自定义的方式来匹配芯片中产生的各种信息，是芯片中匹配能力最强大的模块。盛科芯片目前已经可以对 ACL KEY 的选择和 Tcam 中 KEY 的排列做到完全可编程。

（2）X-ONE Key（XKEY）

XKEY 是指在原有 KEY（SCL、FIB 等 KEY）的基础上，通过可编程的方式 Decode X-ONE 中的信息对原有 KEY 进行扩增、替换，以支持新的转发类型所需的 KEY，芯片中基本上所有的查找类型 KEY 都支持 XKEY 的扩充。

4）可编程 AD

和可编程组 KEY 类似，可编程 AD 依赖于 X-ONE 的实现，是在原有

AD 的基础上，增加了可编程字段，还能进行 ALU 操作，对给出的信息进行移位、加减、比较等操作，再将选择结果 Encode 到 XBUS 中，为后面的模块提供更多信息。可编程 AD 也基本覆盖了盛科芯片中的所有 AD 表。

5）可编程编辑

可编程编辑分为完全可编程编辑和增强型可编程隧道。

（1）覆盖型可编程编辑

覆盖型可编程编辑和传统的编辑行为互斥，将需要编辑的信息按照 4 bit、8 bit、16 bit 等进行归类，在增、删、改这些编辑行为时将归类的信息通过可编程方式挑选出来进行对应的编辑，可以做到对整个报文头的自定义重塑。

（2）增强型可编程隧道

在原有传统编辑行为不变的情况下，通过可编程的方式在原有编辑之后进行隧道编辑，为 PPPoE、GTP、L2TP 等隧道编辑提供很好的支持。

3. NPL 可编程架构

在传统的功能固定的交换机中，转发数据包的表项是预先设计好的，一旦确定很难更改，但是在可编程交换机中，用户可以定义分组处理过程。NPL 的发展始于对现有行业网络平台的反思，从软件和硬件两方面着手，更多地思考如何最大限度地发挥可编程硬件架构的功能来满足客户的可编程需求。NPL 作为一种开放的高级语言，专门为数据平面可编程而生，允许用户为实现特定转发行为而自行制定表项的细节，以此来满足转发平面对高效可编程数据包的独特要求。

NPL 包括以下核心组件。

（1）数据类型：指定任何对象字段的基本构建块。

（2）解析器：指定接收包中允许的包头，并将其从数据包中分离出来。

（3）逻辑表（匹配动作表）：描述带有相关键值和操作的特定表，NPL 支持 index、hash、tcam、lpm 和 alpm 表。

（4）逻辑总线：指定逻辑总线，并连接其他 NPL 实体。

（5）函数：供可编程的不需要表项开销的决策逻辑，例如，可以用于解析多个匹配操作的结果或解析匹配操作的键值选择。

（6）特殊函数：可调用特定硬件功能的智能机制，提供了一种结构化的、无须显示函数内容即可定义函数接口的机制。

（7）编辑器：提供添加、删除或替换包头的功能。

（8）强度解析：一种解决多个表项并行更新同一对象的机制。

（9）数据包的丢弃、跟踪和计数：内置函数用来实现对数据包的丢弃、跟踪和计数。

（10）创建校验和并更新数据包长度：内置函数用来创建校验和，并更新数据包长度。

（11）MA 和解析器的元数据：在 NPL 中未创建，但在运行时随数据包而存在的数据。

图 4-29 所示的架构模型，展示了基本 NPL 架构组件及它们之间的互联关系：每个功能块通过读取或写入总线的方式同相邻的一个或多个功能块进行交互。总线包含一系列通过 NPL 定义的字段。从逻辑上讲，总线流经功能块从而形成流水线。例如，匹配动作表、函数和特殊函数通常读写总线字段，解析器将数据包作为输入，把解析的字段写入总线，而编辑器使用总线字段更新或创建输出数据包。在此架构模型下，一个实例可以经由零个或多个上述组件，通过任意执行顺序而生成。

从本质上来说，NPL 语言并不绑定到任何特定的硬件体系架构上，其目的在于可以兼容多样化的硬件平台，如可编程 ASIC、可编程 NIC、FPGA 及纯软件交换机等。虽然某些语言架构旨在优化特定硬件功能的使用，但不影响其映射到不支持这些特性的目标硬件上。

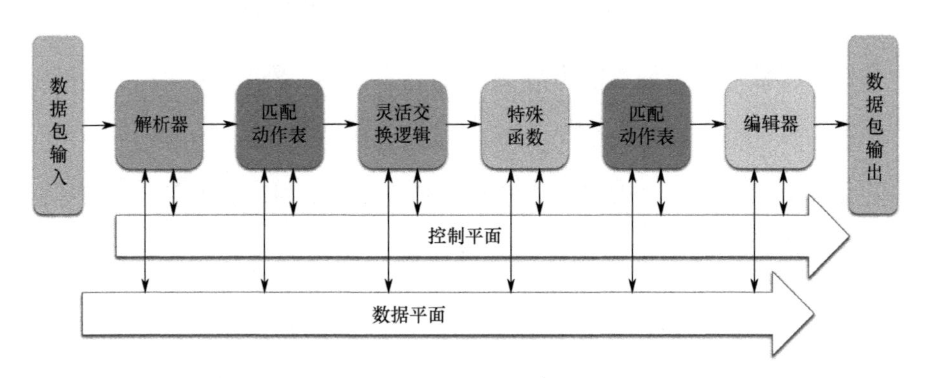

图 4-29　NPL 可编程架构图

同其他高级编程语言一样，NPL 需要一组编译器和相关工具来将 NPL 程序映射到目标硬件上。前端编译器负责检查 NPL 语法和语义并生成中间表示。后端编译器负责将这些中间表示映射到特定的目标硬件上，同时生成一个 API，控制平面可通过该 API 来管理交换机的行为。编译器提供了一个由 NPL 和底层硬件共同决定的并行化机制。

与其他现存的可配置或可编程方案相比，NPL 的复杂特性使其具备了以下优势：

① 可定制的表流水线。

② 智能行为处理。

③ 并行性。

④ 高级逻辑表功能。

⑤ 简单、直观的控制流程。

NPL 为实现固定功能硬件元素的组件库提供了架构基础。这些组件可用来描述 NPL 数据平面的一系列应用程序，从简单的基于表的体系架构到包含多个高效构建块的更高级体系结构均有涉及。这些语言架构所带来的表达能力有助于在最终的硬件实现中显著提高效率并降低成本。同时，NPL 注重软件重用，以期构建一系列由简至繁的交换解决方案。

4.7 网络操作系统技术

软硬件解耦的白盒交换机，使用户在按需选择合适硬件平台的同时，定制或适配相应的操作系统来承载算力网络业务，从而降低设备的研发成本，实现效率最优。随着白盒交换机在 OTT 厂商的批量应用，出现了以下几种典型的开源白盒交换机操作系统。

（1）SONiC。SONiC（Software for Open Networking in the Cloud，云计算开放网络操作系统）是由微软内部基于 Debian GNU/Linux 开发的操作系统，发布于 2016 年的 OCP 峰会上。如图 4-30 所示，该系统通过通用的 SAI（Switch Abstraction Interface，交换机抽象接口）实现对网络设备专用芯片的配置，SAI 定义了一套标准化的 API 规范，向上为 SONiC 提供了统一的 API 接口，向下则对接不同的 ASIC，使得 SONiC 具备了支持多厂家 ASIC 的能力，通过完全控制和管理网络设备的方式来实现底层设备所需要的各项功能。与此同时，SONiC 包含的代码工具包和内核补丁可根据用户的意愿来配置交换机，降低了用户对网络设备提供商的硬件依赖。SONiC 使用了诸如 Docker、Redis、Quagga、LLDPD，以及自动化配置工具 Ansible、Puppet 和 Chef 等一系列的开源项目和开源技术，并将传统交换机操作系统软件分解成多个容器化组件，使新组件和功能的添加变得很便捷。

SONiC 以 RedisDB 为中心，通过数据库驱动的方式实现模块之间的关联解耦合，对软件层面来说，让用户的进程都运行在容器中，实现了软件解耦；对硬件层面来说，芯片层采用统一的 SAI 接口，可屏蔽不同厂商之间 SDK 的差异，从而实现硬件解耦。除此之外，SONiC 架构还具备快速扩展、快速迭代、快速测试、快速上线的优点，可实现数据转发和应用程序的分离，运行在独立 Docker 环境中的各组件之间几乎没有相互影响。

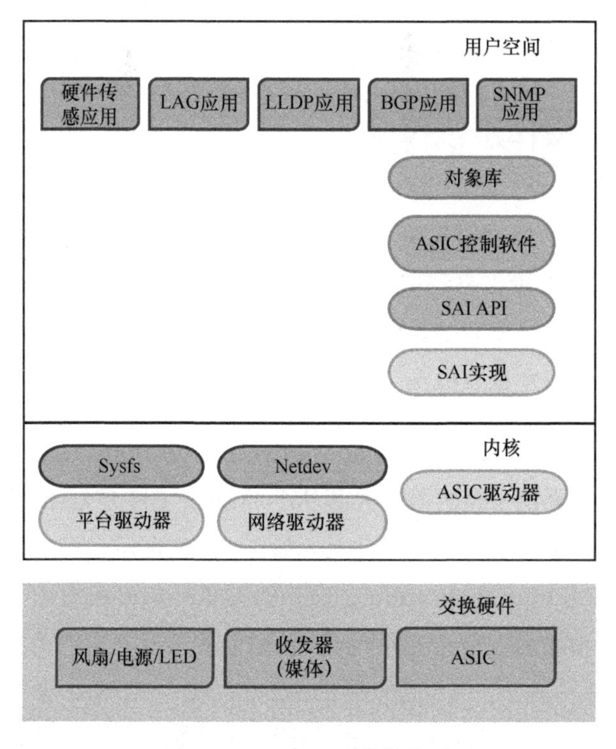

图 4-30　SONiC 系统架构图

（2）Stratum。2018 年 3 月，ONF 发布了下一代 SDN 接口战略，并在谷歌的支持下推出了 Stratum 项目，同 OpenFlow 仅仅定义控制转发的行为机制不同，该开源项目的目标是提供一个白盒交换机和开放软件系统，通过使用可编程芯片及包含 P4 和 P4 Runtime 的工具箱，来实现真正的软件定义的数据平面参考平台，并基于此支持包括配置、控制、操作、可选流水线可编程性等在内的全生命周期的控制和管理，如图 4-31 所示。与此同时，Stratum 创始成员计划采用尽可能广泛的网络芯片及来自多厂商的白盒交换机来提供 Stratum 解决方案，作为 Stratum 首个版本的代码贡献者，谷歌即将在其生产网络中部署 Stratum。2019 年 9 月，ONF 宣布 Stratum 项目正式开源化，目前已获得 Apache 2.0 开源许可证。

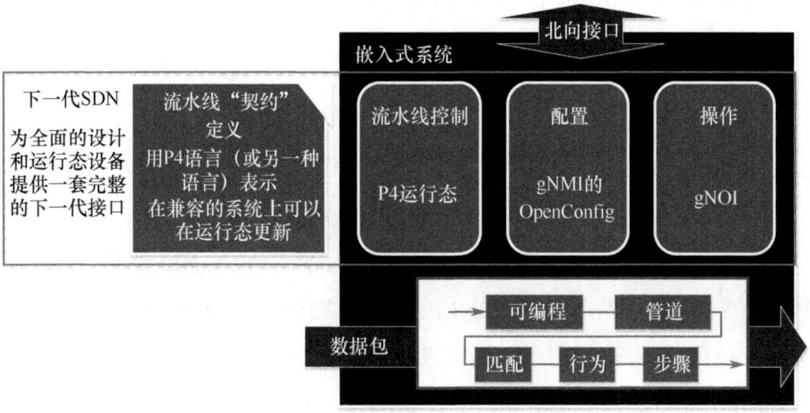

图 4-31　Stratum 系统架构图

由于 Stratum 可运行在多种硬件平台上，因此可帮助运营商避免供应商在专有硅片接口和闭源软件 API 方面的锁定。Stratum 展现了包括 OpenConfig 和 gNMI 在内的一系列 SDN 接口，这些接口实现了转发行为的可编程性、零接触操作和全自动生命周期管理等 SDN 或开放网络功能。Stratum 交换机和控制器之间使用基于 P4 的接口，因此交换机的替换无须改动控制器，也无须重新测试和验证网络，便可兼容多家供应商的交换机产品。

（3）CUNOS。对于运营商而言，基于商用 NOS 定制化开发满足自身需求的操作系统有几方面原因：5G 承载网络进入建设窗口期，需要尽快满足网络对白盒设备的需求，时间上具有一定的紧迫性；白盒接入设备需要与核心汇聚层传统厂商设备混合组网，与传统网络设备相关性高，在上层网络传统厂商配合度不确定的情况下，有电信级设备研发经验的厂商更有相关问题定位和解决经验，需要商用产品具备一定的稳定性；软硬件解耦需求最为紧迫，但开放解耦需渐进开展，应用级和芯片级解耦将随产业生态逐步推进。

为满足上述需求，中国联通自研了 CUNOS 操作系统，其路线是以 ONL 作为 BASE NOS，ONIE 要求白盒硬件方预装，以 Chassis 双主控的方式，基于自定义的 ONLP 扩展要求白盒硬件适配，通过 SAI 对接 NOS，定义统一的 API 屏蔽不同厂商芯片 SDK 间的差异，使 NOS 能够专注在应用的快速演进上。

CUNOS 系统架构如图 4-32 所示，其研发的首要目标是在控制层实现南向接口统一，设备层实现软硬件二层解耦。该目标的实现需从以下三方面切入：白盒域管控系统提供标准化南向接口与网络设备操作系统（NOS）对接，无须管控系统重复适配异厂商接口；基于开放的 ONL 架构，硬件供应商设计提供兼容的硬件，利用 ONLP 的统一抽象，保证通用硬件部分的普适性；NOS 使用 SAI 对不同商用网络芯片厂商 SDK 或 API 进行适配和抽象操作，保证异厂商芯片的兼容性。于长期演进目标而言，CUNOS 希望最终能实现交换芯片、软件操作系统，以及软件功能模块间的三层解耦。具体来说，可通过应用层容器化提供的微服务实现不同网络场景差异化的灵活适配，例

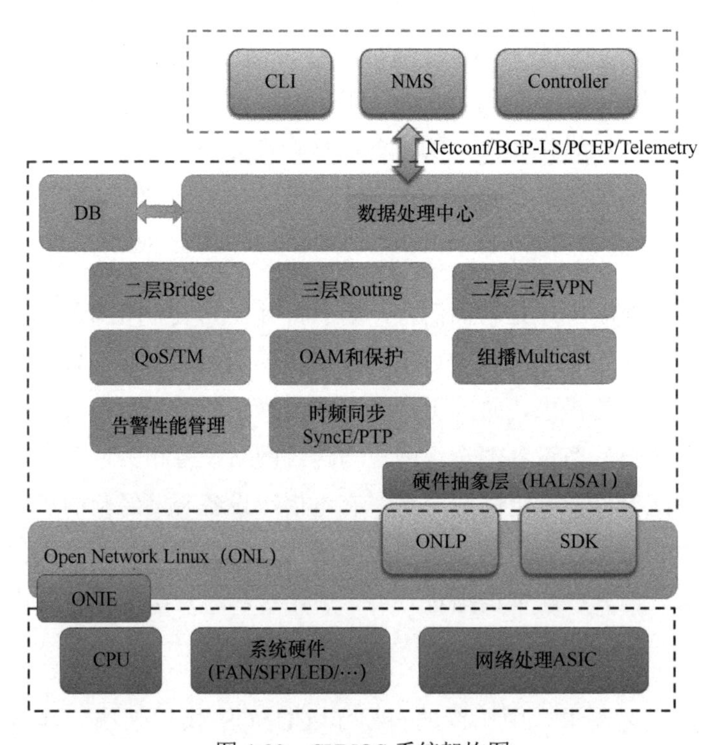

图 4-32　CUNOS 系统架构图

如，向基于白盒交换机架构的 UPF 和 BNG 转发面进行迁移，或者在硬件适配层通过 OCP 推动标准化 SAI 的定义，灵活适配异厂商交换芯片，从而避免操作系统的重复开发。

（4）DENT。由亚马逊公司领导，Linux 基金会孵化的 DENT 近些年一直备受关注，DENT 系统架构图如图 4-33 所示。DENT OS 主要依赖 Linux 最新的 API 和 Switch Dev，并将交换机的端口视作 NIC，协议层面采用开源的 FRR 套件，以此来最大化地实现边缘轻量化 NOS。Switch Dev 的一大优势就是便于随着 Linux 进行版本升级，同时避免各种方案中厚重的抽象层。亚马逊公司推出 DENT，首要聚焦的场景是零售无人超市，通过人脸识别的方式取代人为值守，为用户提供更好的购物体验。

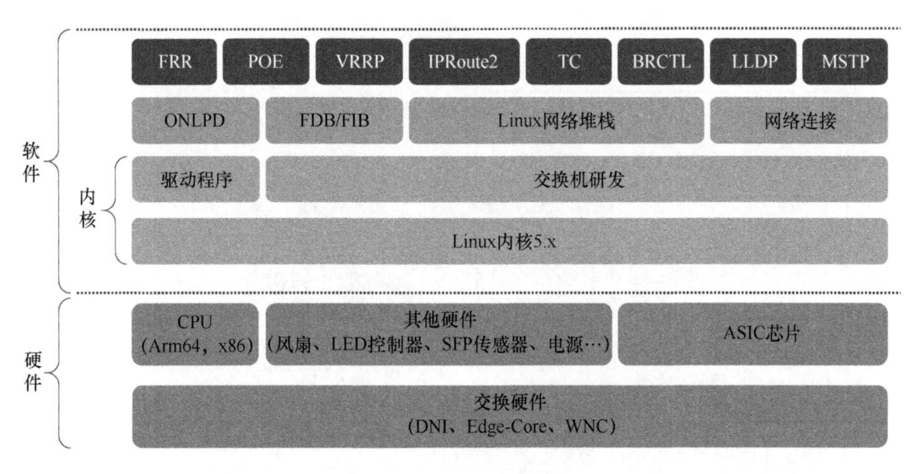

图 4-33　DENT 系统架构图

2020 年年底，DENT 的首个版本 Arthur 正式发布，以服务明确的场景为目标实现了极简的基本功能。当前版本已实现的功能包括 NAT、配置 802.1Q 端口、PoE 控制器、Telemetry、Netconf 等，2021 年的 B 版本计划支持的特性有 VxLAN、IPv6、OSPF/ISIS、PPPoE 等。

（5）DANOS。2018 年年初，AT&T 公司将 dNOS 作为种子代码贡献给 Linux 基金会，为 Linux 基金会成立 DANOS（Dis-Aggregated Network Operating System，分解网络操作系统）项目奠定了基础。DANOS 侧重于软

硬件分解和超越云数据中心网络功能，创建和培养路由软件组件供应商生态系统，以提供创新的网络解决方案，满足 MAN/WAN 网络的大规模和快速发展的功能要求。目前，DANOS 计划支持的五大操作系统有 dNOS、FRR、SONiC、OpenSwitch 和 Stratum。该项目设立了如下目标：将设备的操作系统从底层硬件中分离，在控制和管理平面、基本操作系统及数据平面内部提供标准接口和 API，实现数据平面与控制平面的分离，最终成为服务白盒设备的开放操作系统。除支持现有的网络协议外，DANOS 也将通过开源的数据平面编程语言 P4 等来提供扩展功能。

图 4-34 所示的 DANOS 架构图包括控制和管理平面、基本操作系统和数据平面，三者的主要功能如下。

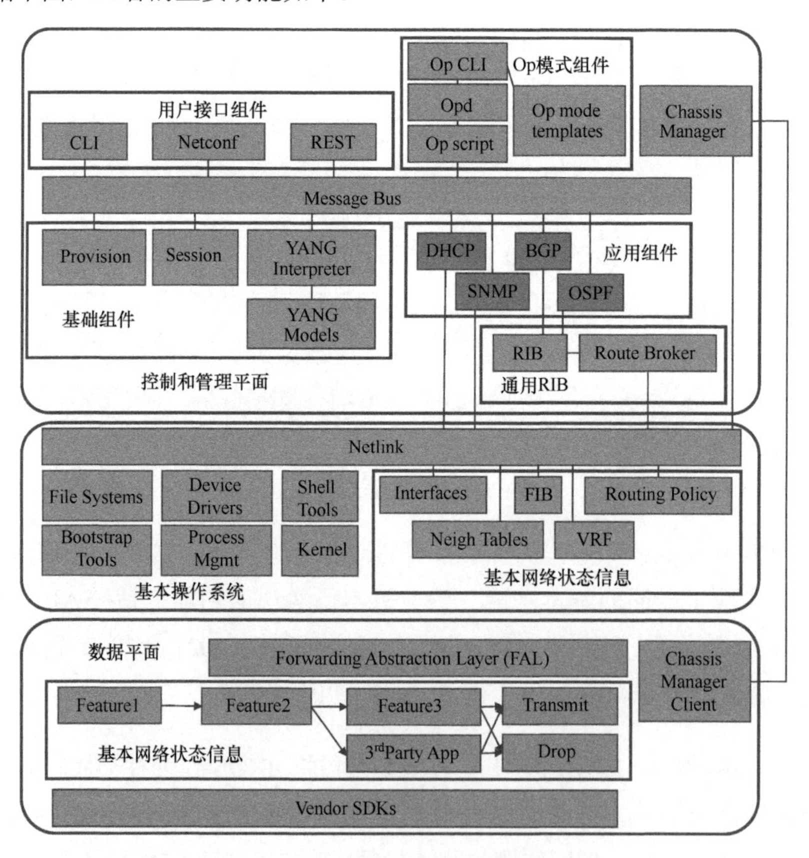

图 4-34　DANOS 详细架构图

1）控制和管理平面

（1）负责网络功能应用程序的操作，如 BGP 守护程序、SNMP 服务器程序等。

（2）提供将应用程序集成到 DANOS 的通用配置和操作模式基础架构。

（3）向外部业务流程系统和最终用户公开 DANOS 配置、操作和管理接口。

（4）将控制平面和系统状态信息传递给机箱管理器，该管理器负责管理单个本地或多个远程分布式数据平面的接口。

2）基本操作系统

（1）提供系统的基本功能，包括开机自检、设备驱动程序、进程管理、shell 访问等。

（2）对基本网络状态信息的权威所有权。

3）数据平面

（1）同步控制/管理平面与数据平面之间的状态。

（2）在控制/管理平面与硬件/软件数据平面之间提供转发抽象层。

（3）在硬件和软件中提供通用数据包转发功能。

DANOS 将提供一个开放的 NOS 框架，利用现有的开源资源和诸如白盒交换机、白盒路由器和 uCPE 等硬件平台，基于项目提供的软件架构，服务提供商在基础设施中引入白盒设备的进程可被大大加速，这意味着为满足不断变化的用户需求，软件开发商、网络运营商、云服务提供商、硬件制造商和网络应用开发商可以快速以具有成本效益的方式来创建新的白盒基础设施。

本章参考文献

[1] FILSFILS C, DUKES D, PREVIDI S, et al. IPv6 Segment Routing Header（SRH）. RFC8754.

[2] FILSFILS C, DUKES D, PREVIDI S, et al. Segment routing architecture. RFC 8402.

[3] FILSFILS C, CAMARILLO P, LEDDY J, et al. Segment routing over IPv6 (SRv6) network programming.

[4] PSENAK P, FILSFILS C, BASHANDY A, et al. IS-IS Extension to support segment routing over IPv6 dataplane [EB/OL]. （2021-06-18）[2021-12-21].Draft-ietf-lsr-isis-srv6-extensions-17.

[5] DAWRA G , FILSFILS C, TALAULIKAR K, et al. BGP link state extensions for SRv6.（2021-06-08） [2021-12-10]. Draft-ietf-idr-bgpls-srv6-ext-08.

[6] KOLDYCHEV M, SIVABALAN S, BARTH C, et al. PCEP extension to support segment routing policy candidate paths. （2021-05-23）[2021-11-24]. Draft-ietf-pce-segment-routing-policy-cp-05.

[7] 解冲锋. 从 IETF 动态看 IPv6 的发展趋势[J]. 信息通信技术与政策，2020(8)：12-17.

[8] 田辉，魏征. “IPv6+”互联网创新体系[J]. 电信科学，2020，v.36(08)：7-14.

[9] LI Z, PENG S, Voyer D, et al. Problem statement and use cases of Application-aware Networking （APN）[EB/OL].（2021-06-17）[2021-12-19]. Draft-li-apn-problem-statement-usecases-04.

[10] LI Z, PENG S, Voyer D, et al. Application-aware Networking （APN） Framework [EB/OL]. （2021-05-25）[2021-11-26]. Draft-li-apn-framework-03.

[11] LI Z, PENG S, Voyer D, et al. Application-aware IPv6 Networking （APN6） Encapsulation [EB/OL].（2021-02-22）[2021-08-26]. Draft-li-6man-app-aware-ipv6-network-03.

[12] ZHANG S, CAO C, et al. Use cases of Application-aware Networking （APN） in game acceleration [EB/OL]. （2021-06-05）[2021-12-07]. Draft-zhang-apn-acceleration-usecase-02.

[13] HALPERN J, PIGNATARO C. Service Function Chaining（SFC）Architecture. RFC 7665.

[14] QUINN P, NADEAU T. Problem statement for service function chaining. RFC 7498.

[15] 李晨，解冲锋. 业务功能链技术及其应用探析[J]. 中兴通讯技术，2016，22(006):22-25.

[16] 算力网络架构与关键技术白皮书（2020 年）. 中国联通研究院.

[17] 算力网络前沿报告（2020 年）. 中国通信学会.

[18] 数据中心白皮书. 中国信息通信研究院，开放数据中心委员会，2020.

[19] 王江龙,雷波,解云鹏,等. 云网一体化数据中心网络关键技术[J]. 电信科学，2020，036(004):125-135.

[20] 刘军，韩骥，魏航，郭亮. 数据中心 RoCE 和无损网络技术[J]. 中国电信业，2020，No.235(07):80-84.

[21] IEEE. The lossless network for data centers[R], 2018.

[22] CCSA. 无损网络应用场景和需求[R].

[23] 华为. AI Fabric 面向 AI 时代的智能无损数据中心网络白皮书[R]，2018.

[24] CCSA. 无损网络总体技术要求[R].

[25] 开放数据中心委员会. 无损网络技术及应用白皮书[R]，2018.

[26] ETSI. GS MEC 017 V1.1.1. Mobile Edge Computing（MEC）:Deployment of mobile edge computing in an NFV environment[S]. 2018.

[27] 王立文，王友祥，唐雄燕，等. 5G 核心网 UPF 硬件加速技术[J]. 移动通信，2020.

[28] 联通网络技术研究院，华为技术有限公司. 算力网络白皮书[R]，2019.

第5章 算力网络编排与调度关键技术

当算力下沉后，全网智能服务将呈现轻量化、协同化和异构性的特征。这就要求当前电信网络在已实现对虚拟资源编排的基础上，向容器编排和算力编排演进，并针对网络中异构算力资源并存的情况，探索计算能力的统一纳管与提供服务的方式。本章首先对与算力编排密切相关的云原生技术进行了回顾，然后从资源调度和服务编排两个方面阐述了提供算力服务的关键技术，最后对算力网络的服务能力开放进行了展望。

5.1 云原生技术概述

随着云计算技术的发展与企业上云的加速推进，基于云化架构来实现底层算力资源的调度和上层服务能力开放是目前构建企业基础设施平台普遍采用的方式。包括电信运营商在内的广大 IDC 运营服务厂商一直十分重视云计算市场和云计算技术的发展，其内部 IT 系统已经完成云化改造，正在推动其核心业务进行云化改造，并且纷纷成立专业云服务公司开拓外部市场，实现电信运营商内部的数据中心算力网络服务能力对中小企业赋能。随着国家大力提倡发展新基建，算力、云计算作为基础设施建设的承载将会得到快速发展。

现有的云计算发展方向包括两个方面：一方面，沿着传统的技术路线发展，采用资源集约化的方式着重建设大规模和超大规模数据中心，实现高性能、大数量、大吞吐数据的处理能力，该数据中心主要通过云计算平台来实现算力资源的调度和编排，从而提供统一的 IaaS 层能力，上层再结合 PaaS 和 SaaS 能力来实现服务能力开放；另一方面，云计算面向边缘侧的轻量化算力资源的管理和调度发展，在面向边缘计算的场景下，设备数量众多且计算架构差异较大，实现海量的异构边缘计算资源的统一管理等是目前算力面临的一个挑战。另外，由于边缘计算节点分布比较广泛，计算节点之间的协同和资源的调度与传统云计算相比对于网络的要求更高，因此在算力调度和服务编排方面的研究除传统的计算、存储等虚拟化技术领域外，需要更加关注如何实现网络和算力协同，使之从传统的云网融合向算网融合的方向发展。

云原生是近年来快速发展起来的底层资源管理和服务编排方式。云原生的概念本身并不代表对某项技术的定义，而是从传统的 IT 实践中总结出来的，代表的是技术和企业研发运营管理的多种思想的集合。其代表的典型技术包括容器和微服务。其中，以计算为主的底层资源统一管理和调度的容器技术是目前行业探讨和研究最为活跃的技术之一，而最为著名的 Kubernetes 目前已成为业界推行云原生编排调度的依据。

1. Kubernetes 技术架构

Kubernetes（K8S）是谷歌的第三个容器管理系统（前两个分别是 Borg、Omega，二者是谷歌内部系统，而 K8S 是开源系统）。Kubernetes 在设计之初基于 Docker 技术之上（后期 Kubernetes 宣布基于 Podman 进行编排和管理），为容器化的应用提供了资源调度、部署运行、服务发现和扩容/缩容等丰富多样的功能。在项目公开后不久，微软、IBM、VMware、Docker、CoreOS 及 SaltStack 等多家公司便纷纷加入 Kubernetes 社区，为该项目的发展做出贡献。

Kubernetes 技术架构主要采用主从模式，Master 节点主要负责资源的调度和键值数据库的存储，同时实现 Pod 的生命周期管理，而 Node 节点主要作为计算节点，实现本地 Pod 的部署运行和相关计算、存储和网络资源的纳管。因此 Kubernetes 在开源之初，就定位为 I-PaaS 功能，既具备上层 PaaS 平台的能力，又对底层 IaaS 资源具备纳管的能力。随着近年来 Kubernetes 技术的飞速发展，目前 Kubernetes 已经发展到了 1.17 版本，不仅可以纳管 CPU 等通用计算资源，而且支持对于 GPU、ARM（Advanced RISC Machine，进阶精简指令集机器）等专用计算资源的管理。Kubernetes 的技术架构如图 5-1 所示。

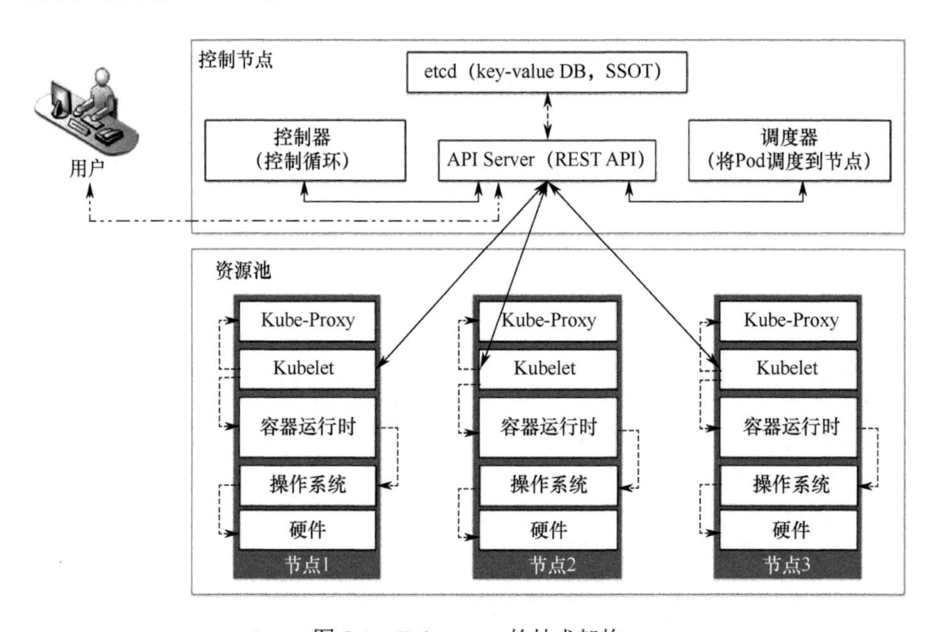

图 5-1　Kubernetes 的技术架构

Kubernetes 的主要核心组件见表 5-1。

表 5-1　Kubernetes 的主要核心组件

组 件 名 称	说　明
etcd	保存整个集群的状态
API Server	提供资源操作的唯一入口，并提供认证、授权、访问控制、API 注册和发现等机制
控制器	负责维护集群的状态，如故障检测、自动扩展、滚动更新等
调度器	负责资源的调度，按照约定的策略将 Pod 调度到相应的节点上

续表

组件名称	说明
Kubelet	负责维护容器的生命周期，同时负责 Volume（CVI）和网络（CNI）的管理
容器运行时	负责镜像管理及 Pod 和容器的真正运行（CRI）
Kube-Proxy	负责为服务提供集群内部的服务发现和负载均衡

使用 Kubernetes 可以实现以下几方面的功能：

（1）自动化容器的部署和复制；

（2）随时扩展或缩小容器的规模；

（3）将多个容器形成组，并且提供容器间的负载均衡；

（4）轻松实现应用程序容器新版本的升级，以及灰度发布等；

（5）提供容器弹性替换等。

Kubernetes 一经开源，由于其自身灵活的调度架构和弹性扩缩容管理机制，故迅速得到业界的广泛青睐。目前 Kubernetes 面向底层的基础设施层能够实现 I-PaaS 功能，主要实现底层资源的管理和调度；另外，定位为 A-PaaS 层可以实现上层应用平台和软件服务的编排调度。

2. K3S 轻量化技术架构

在面向边缘端侧嵌入式设备的资源调度和管理方面，由于通用型嵌入式设备自身计算、内存及存储等方面的资源有限，所以导致 Kubernetes 在进行部署时受到限制。现有的解决方案往往通过修改嵌入式设备的系统配置，诸如扩展 Swap 交换空间等方式来保证 Kubernetes 能够顺利安装。但是在实际设备运行过程中还是存在容器运行受限、集群本身数据库和相关组件运行占用较多资源等问题。这些问题在业界也越来越引起广泛关注，目前云原生开源社区最新开源项目 K3S 针对原有 Kubernetes 进行功能裁剪和优化，使其成为更加轻量化的容器云编排调度平台，能够更好地应用于面向边缘计算、物联网等场景下的多种嵌入式设备的部署和容器编排管理，因此项目一经发布便在社区引起广泛关注，其技术架构如图 5-2 所示。

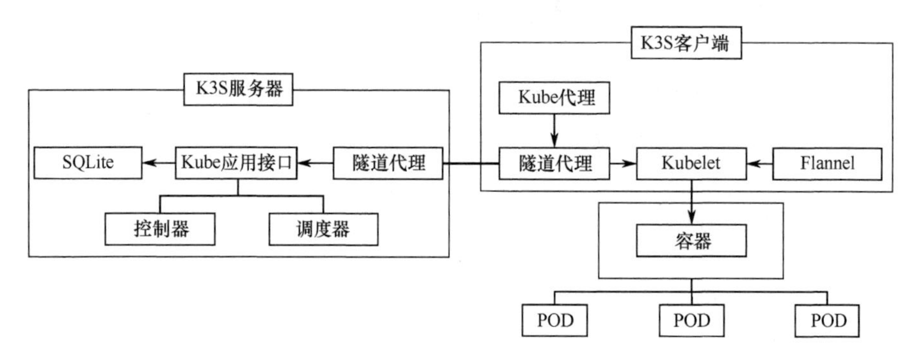

图 5-2　K3S 的技术架构

与 Kubernetes 技术架构相比，K3S 也采用 C/S 架构，并且在服务器上主要通过 KubeAPI 来实现和 Kubernetes 中 API Server 相同的功能。通过 KubeAPI 提供集中的连接，并且通过控制器和调度器来实现节点管理和资源调度管理等，从而外部系统在访问 K3S 集群时，可以采用标准的 Kubernetes 接口进行，而不需要再单独开发一套独立的访问接口。不同点在于原有的 Kubernetes 采用 etcd 键值型数据库来实现数据管理，而在 K3S 中为了满足轻量化的需求，改用 SQLite 实现数据库管理，同时在底层容器引擎方面采用开源项目 Containerd 来实现 POD 管理。

在系统集成方面，由于整个云原生平台都是通过 API 接口来实现相互之间访问和调用的，而 K3S 平台主要由 KubeAPI 提供外部访问接口，同时该接口是经过 CNCF（Cloud Native Computing Foundation，云原生计算基金会）认证的标准 Kubernetes 接口，因此 K3S 接口和标准 Kubernetes 接口是一致的，二者可以实现无缝对接。基于 K3S 技术架构设计的考虑，一方面可以保证 K3S 对外提供标准的 Kubernetes 平台接口；另一方面经过架构的精简和优化，使得 K3S 本身的架构更加轻量化，整个可执行文件可以精简到几十 MB，能够更加适用于在嵌入式系统等有限计算平台上进行部署。

5.2 资源调度和服务编排技术架构

从传统云网融合的角度出发，结合边缘计算、网络云化及智能控制的优势，在算力网络连接下实现更加广泛的算力资源纳管和动态调度。但是这又区别于传统云计算资源纳管采用的集中式资源管理或 IT 集约化的资源提供，在算力网络的资源纳管中更多考虑了网络延时、网络损耗对于资源调度方面的影响。因此网络的核心价值是提高效率，算力网络正是为了提高云、边、端三级计算的协同工作效率而出现的。算力网络资源调度和服务编排整体技术架构如图 5-3 所示。

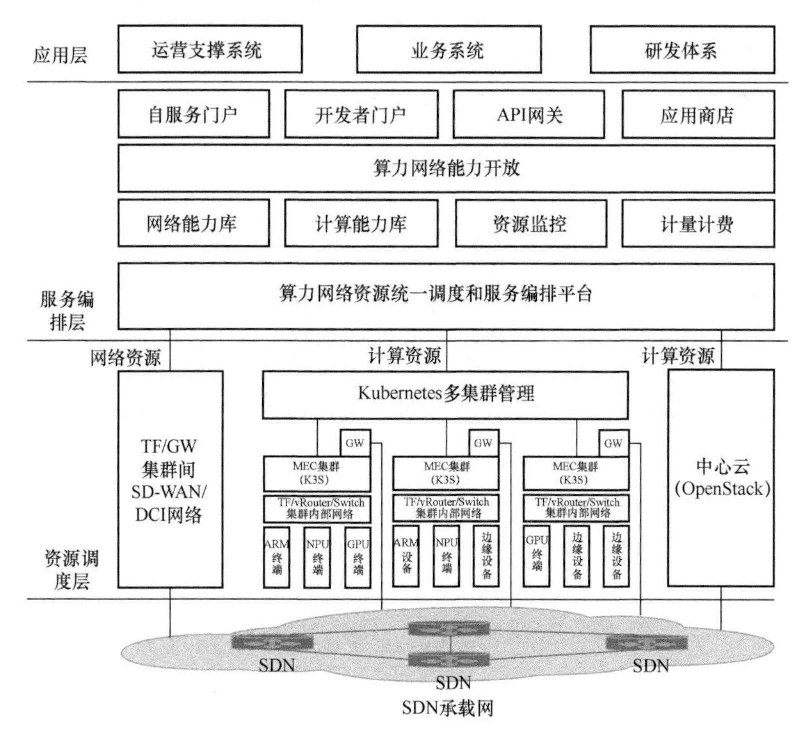

图 5-3 算力网络资源调度和服务编排整体技术架构

通过算力网络将云、边、端的算力资源调度和服务编排协同统一起来，其中，中心云采用传统的云计算来实现集中式的资源统一管理，在中心云中主要对大规模或超大规模的数据进行处理。在现有大型企业多级数据中心调度信息化架构中，中心云主要承载面向全国的业务平台能力和数据处理能力。在边缘云由于接入的边缘数据中心众多，且分布得比较广泛，基本上每一个边缘数据中心会采用一个相对独立的集群来实现，承载省分公司本地的业务平台，或者相对集中的数据处理等，因此边缘云多数采用多集群的方式来实现多个边缘计算集群的协同管理，而在特殊行业或指定场景下，用户拥有自己独立的数据中心或业务上有数据保密等需求，这就要求在用户环境下形成一个相对比较独立的私有云资源池，而在边缘云的统一管理中，需要将此部分单独作为独立的边缘云资源进行管理，同时在算力分配或应用能力的部署方面也需要指定部署到用户的数据中心内。在算力网络设备端侧，结合现有工业互联网及智慧城市等场景，往往涉及海量的前端嵌入式边缘设备，并且采用的计算架构不同，主要有ARM、DSP、FPGA 等，负责用户的数据采集、用户侧的业务访问入口和交互等，因此通过算力网络将整个云、边、端的计算资源协同起来，并且采用分级、多集群的方式进行统一管理。目前，在中心云主要采用OpenStack 等传统的 IaaS 进行承载，而在边缘或远端设备上的计算资源通过轻量级的云原生 Kubernetes 等 I-PaaS 和 A-Paas 进行计算资源和应用能力的管理等。

依据上述算力网络架构，算力网络资源调度和服务编排整体分为以下三层。

1．资源调度层

在该层基于 SDN 承载网络，实现网络连接打通“云、边、端”的算力资源；面向中心云，基于传统 OpenStack 实现资源调度和管理；面向边缘和端侧，基于 Kubernetes 实现资源调度；面向网络侧，基于 SDN、DCI 等实现数据中心的互联。

2. 服务编排层

在该层实现底层资源的服务化编排和算力网络资源的统一调度。通过能力库的方式实现 PaaS 平台的进一步下沉，并且促进算力网络能力的进一步开放；面向上层用户和开发者提供不同的业务入口，从而实现自助式服务；通过 API 网关和应用商店提供服务能力的商品化展现，并且提供应用一键部署能力，同时对外开放接口以供调用，从而可以进一步屏蔽底层算力网络资源的差异化，进而降低用户和开发者的使用门槛。

3. 应用层

该层主要面向运营支撑系统、业务系统和企业自身的研发体系，提供全栈式的算力网络资源服务能力。

随着目前企业数字化转型的稳步推进，资源集约化和 DevOps 运维一体化是企业尤为重视的应用需求。算力网络服务编排采用“统一调度+能力中台”的方式，一方面实现底层网络、云、边、端等计算和网络资源的调度统一，进一步收缩资源管理的权限，从而实现资源的集约化管理；另一方面打造中台能力库，将不同应用场景下的通用能力以库的方式进行平台下沉，形成共性能力，从而实现算力服务能力在不同领域的流通和共享。

5.3 资源调度层协同机制

算力网络中的弹性调度能够实时检测业务流量，动态调整算力资源，完成各类任务的高效处理和整合输出，并在满足业务需求的前提下实现资源的弹性伸缩，优化算力分配。在算力网络资源调度方面：一方面，采用轻量级的容器调度平台，适配于开放式嵌入式边缘计算集群；另一方面，实现了边缘计算多集群的统一调度和动态扩缩容的资源协同。因此本章在面向算力网络的边缘侧资源调度方案设计过程中，考虑采用“Kubernetes+K3S”的分级云原生容器资源调度方案，实现边缘节点集群和边缘前端嵌入式设备的分级资源纳管，以及多集群接入的统一云边协同。

1. 基于云原生的云边协同技术架构

在面向算力网络云边协同算力调度方面，采用基于“Kubernetes+K3S”两级联动的架构来实现统一的边缘侧资源调度管理，即边缘计算节点侧采用传统 Kubernetes 云原生实现边缘计算节点侧的资源纳管，而前端嵌入式终端集群采用更加轻量级的 K3S 云原生集群实现资源管理，其技术架构如图 5-4 所示。

依据上述系统技术架构，在面向整个边缘系统的资源调度方面主要基于云原生容器化的方式来实现。按照现有电信运营商在边缘侧的基础设施部署情况，边缘计算节点主要是部署在边缘机房或客户自己数据中心内部的通用型服务器，这部分计算节点的硬件性能相对较高，同时可以支持 GPU、FPGA 等多种加速硬件资源，因此可以集中部署完整 Kubernetes 版本的容器集群，甚至可以部署轻量级的 OpenStack 云计算集群，用于边缘数据中心的计算资源管理，而前端设备则主要连接海量的嵌入式设备，从而实现数据采集、工业控制及用户交互访问等功能。目前市场上的嵌入式设备主要基于“MCU+协处理器”的 SOC 架构来实现，其中 MCU 普遍采用 ARM 架构的处理器实现设备的管理和连接，协处理器则面向不同的数据处理类型采用不同的专用芯片。比如，GPU 主要面向二维数据的图像处理和视频处理；NPU 主要面向张量数据的处理等。基于轻量级的 K3S 实现容器化的嵌入式设备资源调度，将应用程序根据调度策略以 POD 的形式调度到指定的嵌入式设备上运行，同时前端接入的传感器设备或工控设备等通过 MQTT、HTTP 和 GRPC 等通信协议将采集到的数据上传到嵌入式设备进行处理，或者将嵌入式设备发送的指令传递到前端设备上执行。

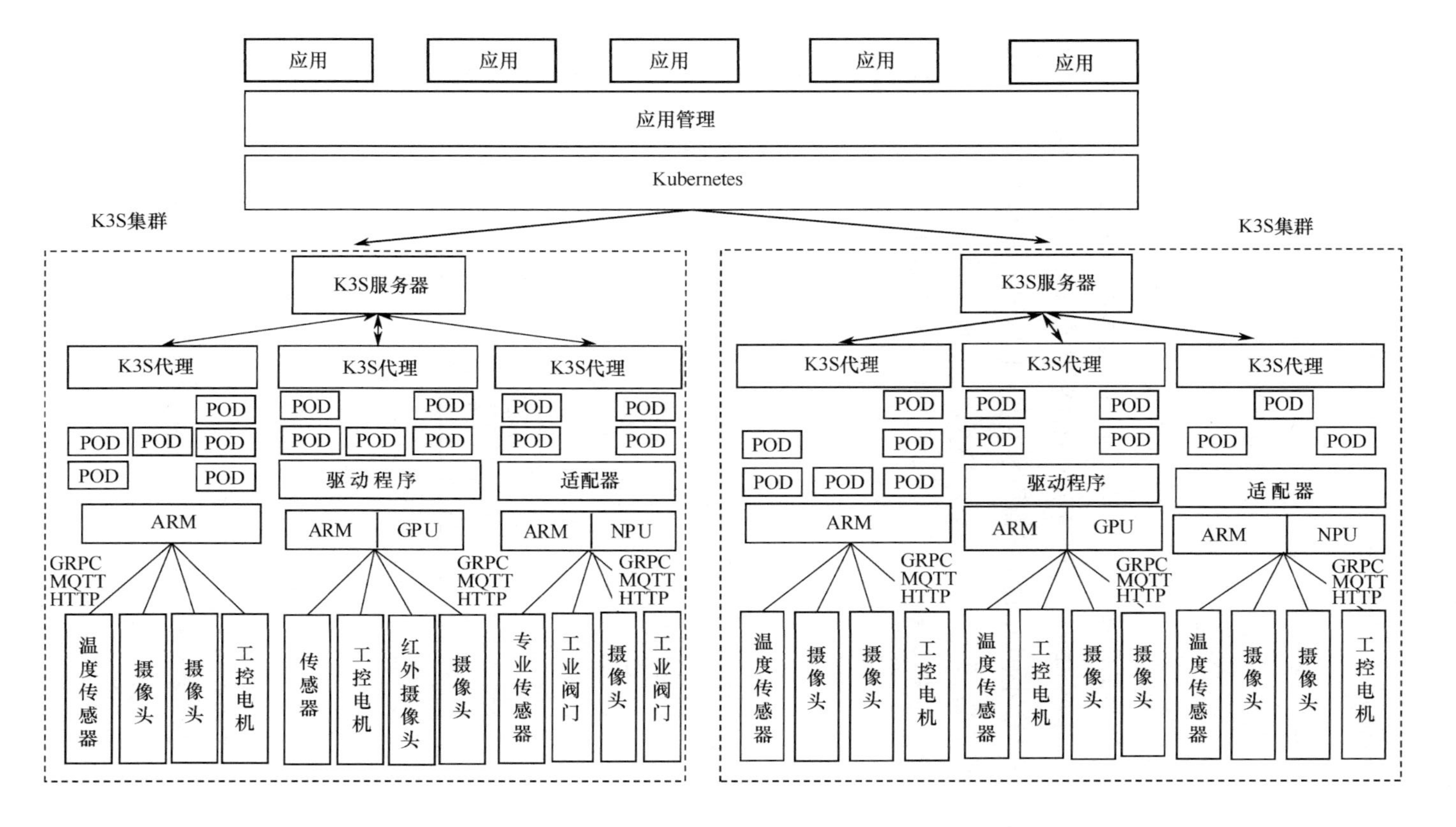

图 5-4　边缘系统技术架构

2. 基于 ARM 的嵌入式终端算力资源调度

目前基于 ARM 计算平台的嵌入式终端系统是市面上普遍存在的形式，基本涵盖了市场中 90%以上的终端设备类型。采用 K3S 的 ARM 部署方式能够实现对于嵌入式终端的容器化部署和调度管理，目前 K3S 版本支持硬件的最低要求仅需要 1 个 CPU、512MB 内存，同时面向 X86_64、ARM64 和 ARMv7 等平台发布，因此基本涵盖目前市场上绝大部分 ARM 平台架构。另外，K3S 本身包含轻量级的容器引擎 Containerd，并不需要额外安装 Docker 引擎，因此在底层容器引擎方面，K3S 可以默认采用 Containerd 的容器调度方式，但是也支持通过 Docker 方式来实现容器调度。在整个边缘设备的容器部署和调度方式上，基于现有行业普遍采用嵌入式终端来创建整体的集群，以及基于 K3S 部署和调度具体的 POD 来执行相应进程，如图 5-5 所示。

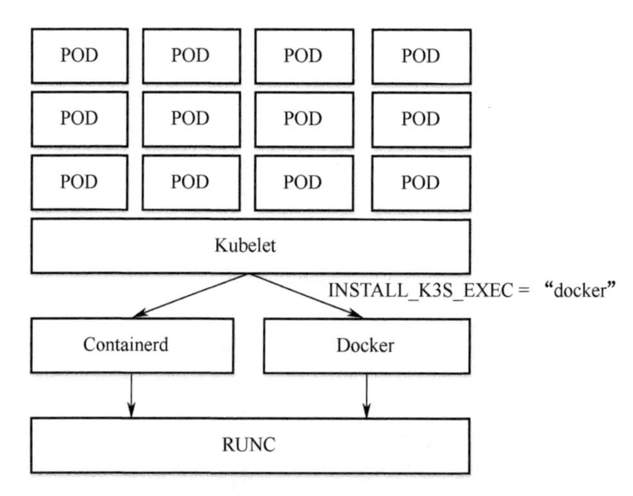

图 5-5　边缘设备的容器部署和调度方式

依据容器化部署方式，结合具体的应用场景需要，在部署 K3S 的 Agent 节点时，可以选择 K3S 默认的 Containerd 作为底层的容器调度引擎，也可以选择 Docker Engine 作为其容器调度引擎，但是需要在部署 K3S Agent 之前就已经成功安装 Docker Engine，目前 Docker Engine 官方也提供面向诸如 ARMv7 架构的版本。根据官网安装部署文档所描述的具体操作，只需要在安装部署 K3S Agent 时通过参数 INSTALL_K3S_EXEC=“docker”传递给 K3S 系统，以表明在后续的容器调度过程中使用 Docker Engine 作为容器调度引擎。但是需要说明的是，由于 K3S 架构采用 C/S 主从方式，所以在 Agent 节点的部署过程中可以选择 Containerd 或 Docker 作为容器调度引擎，而在 Server 节点上只能采用 Containerd 作为其唯一的容器调度引擎。因为在整个 K3S 的 POD 运行管理过程中，K3S Agent 作为 POD 运行和调度的唯一载体，而 Server 只负责整个 K3S 集群的运行管理等，通过这种方式可以大大提高 K3S 的轻量化，也可以实现 Server 和 Agent 在同一个节点上进行部署。

3．基于专用芯片的算力资源调度

面向专用芯片的边缘嵌入式设备一般在特定场景下对于数据处理有特殊要求，因此在整个计算芯片的架构设计上主要采用“MCU+专用芯片”的 SOC 方式进行构建，而基于此种方式下构建的专用芯片设备，通常采用 ARM 作为 MCU（主控单元），具体负责整个设备的系统管理、外部通信及访问，而专用芯片诸如 GPU、NPU 及 FPGA 等，专门负责数据的处理和相关算法的硬加速处理等。由于专用芯片在某些特定场景下对于数据具有较高的处理能力，因此和通用性处理器相比具有非常明显的优势，而在 MCU 和专用芯片之间往往通过专用的数据通道进行数据传输，如 HDI、HCI、SPI 等，各厂家设计的芯片不同，可能采用的数据传输协议也不同，而对外的数据输入和数据输出则主要由 MCU 负责。目前在容器化部署方案上，各厂商结合自家的专用芯片推出了相应的解决方案，通常的技术架构则基于 MCU 的嵌入式操作系统提供驱动层或系统适配层，上层应用可以通过驱动层或系统适配层来调用专用芯片的资源和计算能力，并通过插件方式实现 Kubernetes 对于专用芯片资源的调度和适配。以英伟达公司的嵌入式开发板 GPU NANO 为例具体阐述面向专用芯片的 K3S 部署方案和调度过程。英伟达公司在嵌入式系统推出基于 GPU 的驱动层，并且在原生 Docker 引擎的基础上推出自己的容器编排调度工具 Nvidia-docker，而该容器引擎和英伟达公司的 GPU 开放平台 CUDA 进行了完美适配，因此在容器部署过程中主要基于英伟达公司的 Nvidia-docker 进行调度，并且通过驱动来为 POD 分配具体的 GPU 资源，如图 5-6 所示。

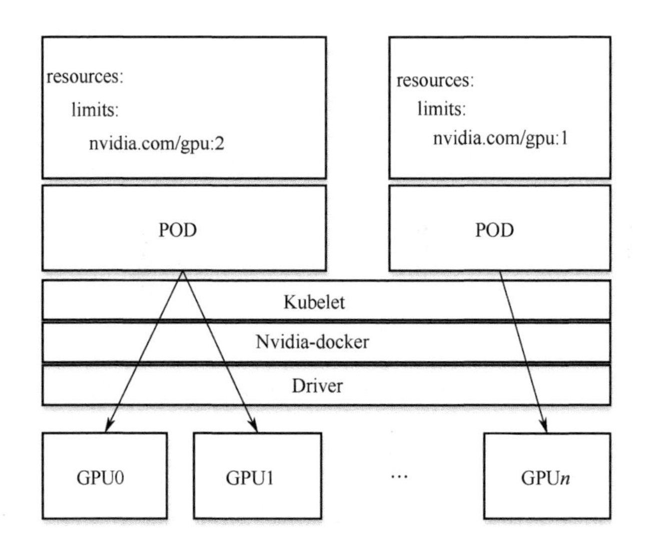

图 5-6　GPU 容器部署方式

依据 GPU 容器部署方式，在算力资源调度过程中，可以通过在 K3S 集群的配置文件 yaml 中创建资源对象 Resource，并且通过配置 GPU 的数据量来让 K3S 集群为该 POD 分配 GPU 资源以执行相应的算力，而该参数配置会通过 Nvidia-docker 来调用底层驱动在创建 POD 过程中为其提供指定的 GPU 数量。

在上层 POD 调度和配置方面，通过上述容器化部署及 POD 资源分配方式，可以在标准的 Kubernetes 配置文件 yaml 中创建 Resource 对象，并且在该资源对象中设置计算单元数量，而对该资源对象下的计算单元类型可以进行扩展和定义，因此为后续其他专用芯片的资源调度和管理提供了可能。用户可在配置文件中为不同的 POD 制定不同的专用芯片，K3S 则会根据配置文件将 POD 在制定的专用芯片上创建的对应平台运行起来，从而实现指定的 POD 调度到指定算力资源上进行处理和运行。

4．基于标签的算力资源调度机制

在面向算力网络的边缘资源调度机制方面，考虑需要将整个边缘侧和前端嵌入式设备侧的算力资源统一调度和纳管，利用前端海量的嵌入式设备构建不同的前端集群，通过集群的方式实现前端的算力自治，同时将前

端嵌入式设备的算力集群纳入边缘侧的算力集群进行统一管理，从而可以通过边缘侧为前端嵌入式设备的算力集群提供更多服务。在算力应用匹配和算力节点调度方面，基于 Kubernetes 提供的标签及容器标签来实现整个边缘侧的算力调度机制，当前端嵌入式设备注册到 K3S 集群时，为设备创建节点标签，同时在创建 POD 时可以通过节点标签将 POD 部署到指定的边缘节点上运行。其调度流程如图 5-7 所示。

基于标签的算力资源调度机制主要是基于 Kubernetes 的 Scheduler 和 Controller manager 实现的。首先在创建 K3S 集群时，为算力节点统一制定命令规则，而算力节点的标签命名统一由设备管理模块进行管理，并且维护整个集群中设备节点的基本信息。在创建容器时根据应用场景和用户需求的不同，通过设备管理模块查询匹配的计算节点，并且在创建容器的配置文件中进行指定，从而使得资源调度平台为容器应用分配合适的计算节点。

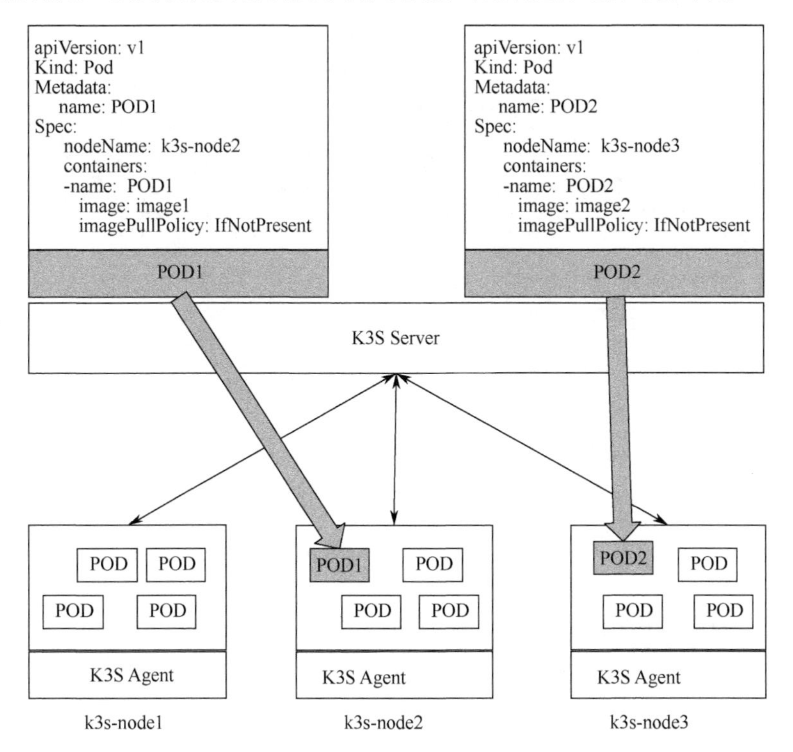

图 5-7 基于标签的算力资源调度流程

5.4 服务编排层功能解析

基于云原生的服务编排技术主要实现融合计算、存储和网络能力开放，通过云原生和云计算统一编排调度平台来实现底层资源的调度及上层服务编排。运用 OpenStack 底层基础设施层的资源调度管理能力，对数据中心内的异构计算资源、存储资源和网络资源可以进行有效管理。通过 Kubernetes 面向服务的容器编排调度能力，服务编排层实现了面向算网资源的能力开放。基于云原生的服务编排层架构如图 5-8 所示。算力网络服务编排层架构可解构如下：

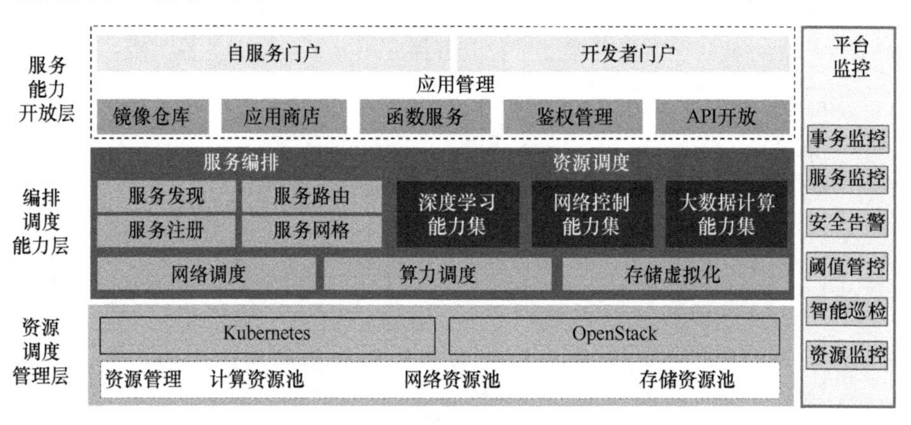

图 5-8 基于云原生的服务编排层架构

（1）资源调度管理层：采用通用的 OpenStack 和 Kubernetes 结合的方式来实现对算力网络的计算、存储、网络等资源进行统一管理，整体通过 Open Infrastructure 架构来实现 IaaS 和 I-PaaS 的资源编排调度。

（2）编排调度能力层：根据大数据计算能力、深度学习能力、网络控制能力的不同需求，分场景地有序构建中台能力。

（3）服务能力开放层：面向服务使用方和开发者提供不同的入口。其中在应用商店提供算力网络服务目录，可以实现算力网络能力一键部署，而在 DevOps 入口提供函数服务功能，可以进一步满足开发者结合中台能力根据业务场景进行开发和创新的需求。

5.5 服务编排技术实现

为了构建可运营、可开放的服务编排层资源调度和编排环境，编排调度平台按照业务功能划分为资源管理、资源调度、服务编排、应用管理、自服务门户、开发者门户和平台监控 7 个模块。

（1）资源管理：主要面向底层的计算、存储、网络等资源进行统一纳管，其中包括裸金属的管理，也包括虚拟机、容器、边缘集群等基础设施资源等。

（2）资源调度：通过底层资源的抽象，在调度层主要专注于基于调度策略实现对算力资源、网络资源，以及存储资源的调度，同时为了实现平台能力下沉，需要在调度层实现三大能力集，即计算能力集、网络控制能力集和深度学习能力集。

（3）服务编排：将调度层的能力以服务化的方式提供服务注册、服务路由等功能，并且按照最新的服务网格方式提供扁平化的服务编排方式。

（4）应用管理：基于容器化调度机制面向应用提供统一的封装和事务性功能，包括应用商店、统一的镜像仓库、鉴权管理、函数服务及其他事务性处理等功能。

（5）自服务门户：为普通用户提供“一站式”应用服务选择和一键部署等应用部署能力，以及通过用户登录和注册分配相关的用户权限。

（6）开发者门户：为开发者提供算力网络开放的 API 调用接口和

DevOps 开发流程，从而可以尽可能开放算力网络底层能力，第三方开发者可以结合场景开发专属的应用产品功能。

（7）平台监控：负责监控整个算力网络编排调度平台的运行情况，实现资源、服务、事务、安全等方面的监控，确保整体平台的安全，以及平稳运行。

5.6 基于 Serverless 的服务编排机制

Serverless 是云原生下一阶段发展的趋势，是一种构建和管理基于微服务架构的完整流程，允许在服务部署级别而不是底层算力资源部署级别来管理应用部署。与传统架构的不同之处在于，服务完全交由第三方来管理，由事件触发，存在于无状态（Stateless）、暂存（可能只存在于一次调用的过程中）计算容器内。构建服务器应用程序意味着开发者可以专注于产品代码开发，而无须管理和操作云端或本地的算力资源，在运行时，Serverless 真正做到了部署应用无须涉及基础设施建设，自动构建、部署和启动服务。

函数即服务（Function as a Service，FaaS）和后端即服务（Backend as a Service，BaaS）目前是 Serverless 技术发展中所涵盖的两大方向，其中 FaaS 发展迅速，并且逐渐成为行业内的主流方式，其理念是用户无须自行管理服务器系统或相关应用程序，即可直接运行后端代码。FaaS 可以取代传统的通过虚机提供算力的方式，不仅不需要自行供应算力，也不需要全时运行应用程序。

1. Knative 技术架构

Knative 是谷歌开源的 Serverless 架构方案，旨在提供一套简单易用的方案把 Serverless 标准化。目前参与的公司主要有谷歌、Pivtal、IBM 等，自 2008 年 7 月 24 日对外发布以来，迅速得到业界的广泛关注，由于是谷歌开放的开源架构，所以和 Kubernetes 天然耦合，目前处于快速发展阶段。根据官方阐述，其主要架构如图 5-9 所示。

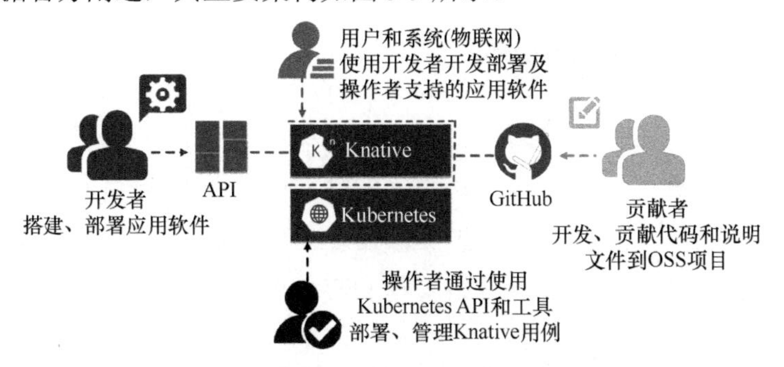

图 5-9　基于云原生的服务编排层架构

依据上述架构，Knative 基于 Kubernetes 进行部署，并且能够通过 Kubernetes 调度到底层的容器资源，同时对外暴露 API 接口以便于开发者进行开发和部署，而上层用户可以基于 Istio 的 Service Mesh（服务网格）来承载应用的编排。通过这种方式可以进一步避免用户和开发者共用同一个 Kubernetes 平台入口，一方面为开发者提供基于 Knative 实现的 FaaS 调用接口；另一方面，为用户提供基于 Istio 的应用服务部署。同时两者都不再需要关心 Kubernetes 本身的算力资源调度情况，也不再需要人工手动编写脚本来实现服务编排层的编排和底层资源的调度，进一步关注业务代码开发本身。

2. Knative 核心概念

Knative 本身主要由 Building、Service 和 Event 三大核心组件构成。其正是依靠这三个核心组件来实现整个 Serverless 运作机制的。

（1）Building：基于 Kubernetes 能力之上，提供一套完整的标准化、可移植、可复用的容器镜像构建方式。

（2）Service：主要用来提供服务，其构建于 Kubernetes 和 Istio 之上，为 Serverless 应用提供部署和服务支持。应用服务可以基于 Service 进行自动扩缩容，并且基于 Istio 组件提供路由和网络编程等。

（3）Event：满足云原生开发中的通用需求，以提供可组合的方式绑定事件源和事件消息者。

3. 基于 FaaS 的服务编排

面向 FaaS 的算力网络资源调度和服务编排架构，在算力管理层通过算力注册、算力发现、算力路由来实现对于底层异构算力的全生命周期管理，并且基于开源的云原生资源调度平台 Kubernetes 来实现对于算力的调度和管理，同时基于网络管理和存储管理来实现对网络和存储的调度。

通过 Kubernetes 底层资源的调度能力为上层应用提供面向异构算力资源的编排调度能力，实现和无服务框架 Knative 进行融合和对接，从而提供函数服务能力，而在函数服务能力中结合 Knative 的 Building 组件来实现代码的镜像打包、部署和版本管理等，底层算力管理层也依托函数服务能力来封装底层资源，从而提升开放的 API 函数接口。依托 Knative 的 Service 组件来实现面向上层的服务编排，整个开发者的代码由函数服务能力层中的代码托管来进行统一管理，而打包生成的镜像则由镜像仓库来进行管理。所有版本更新和新函数发布等事件由核心组件 Event 来统一负责。

如图 5-10 所示，整体技术架构为上层应用提供封装好的算力网络异构资源的函数级调度和封装能力，开发者或用户本身不需要关注底层资源部署在什么位置或服务器上，也不需要关心申请多少硬件或虚拟机资源等，而将更多的精力放在业务逻辑代码开发和业务流程梳理上，从而可以大大降低算网资源作为新基建在应用过程中的门槛。

目前业界互联网企业在推行数字化转型过程中，为了进一步降低研发和运营成本，逐步推行面向 FaaS 的资源管理架构。基于上述架构，企业的底层资源可以实现进一步集中和资源服务抽象，面对互联网企业产品的不断更新，随之而来的是大量应用程序的代码开发和版本的快速更新，因此可以很好地满足目前互联网企业整体产品研发和更新的业务需求。

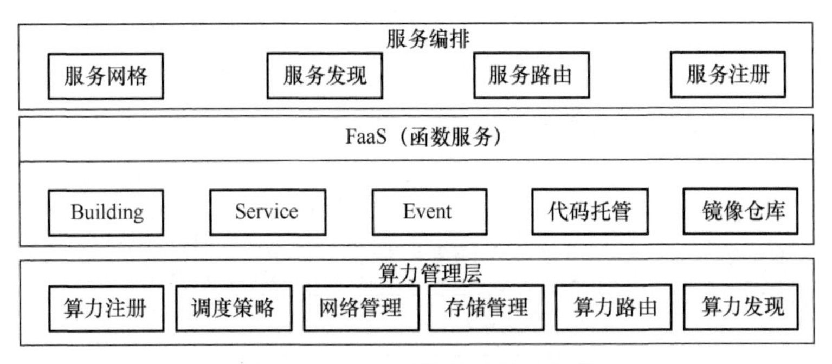

图 5-10 FaaS 异构算力技术架构

5.7 面向 FaaS 的服务能力开放

基于底层异构算力网络资源的抽象定义机制能够实现对算力资源的统一纳管和调度，并且在资源层实现统一，而面向 FaaS 的算力网络异构资源调度机制能够在服务层实现算力网络能力的统一，通过云原生技术来实现底层资源的调度及面向上层应用的服务能力开放。

如图 5-11 所示，在底层资源层中实现计算、存储和网络等资源的统一管理和调度。在调度层基于云原生基础设施来实现网络、算力和存储的调度，同时结合能力下沉的研发模式，不断积累和丰富相关能力集，从而形成算力网络的中台能力；在编排层则主要负责将底层的资源进一步转化为服务能力，基于 Service Mesh 实现服务路由、服务注册和服务发现等功能；在应用层则进一步采用 Serverless 模式，基于开源框架 Knative 实现镜像打包、业务代码和应用商店能力，并且通过函数服务为上层的自服务门户和开发者门户提供 API 函数接口及调用的全生命周期管理等。

面向 FaaS 的服务能力开放平台，从底层逐步统一算力网络资源的管理和调度，到逐步转向面向应用的服务化编排调度能力，再到上层的函数服务能力开放，将异构的算力网络资源进行有效的统一和开放，这样开发者或应用程序的使用者不需要关心底层算力资源的分配和网络的连接状态，而是集中精力关注业务代码的开发和逻辑编排，从而可以更好地促进算力网络平台架构下多场景应用的业务创新，进而可以真正实现符合互联网化的“前店后厂”的业务创新模式和思维。

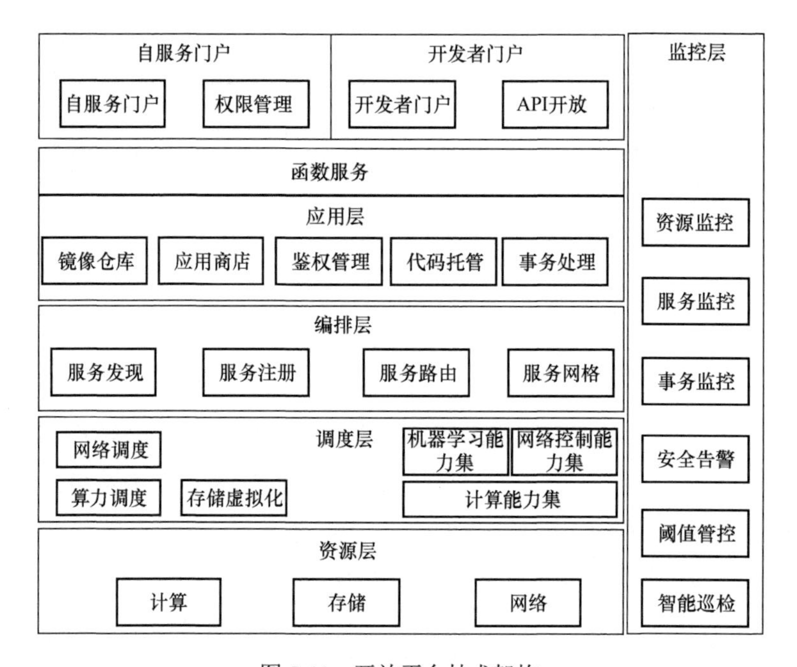

图 5-11　开放平台技术架构

本章参考文献

[1] 曹畅，张帅，唐雄燕. 下一代智能融合城域网方案[J]. 电信科学，2019，35（10）：51-59.

[2] 李铭轩，魏进武，张云勇. 面向电信运营商的 IT 资源微服务化方案[J]. 信息通信技术，2017，11（02）：48-55.

[3] 王小雨，贾宝军，徐雷. 云网一体赋能运营商数字化转型[J]. 信息通信技术，2019，13（02）：20-25.

[4] 林梓鹏. 基于 OpenStack 的电信运营商云管理平台架构设计[J]. 信息通信技术，2018，10（10）：234-235.

[5] 李铭轩，邢鑫，王本忠. 面向电信运营商的容器云 SDN 云网一体化方案研究[J]. 信息通信技术，2019，13（02）：7-12.

[6] 彭博，杨鹏，马志程，等. 基于 Docker 的 ARM 嵌入式平台性能评测与分析[J]. 计算机应用，2017，37（S1）：325-330.

[7] 雷波，刘增义，王旭亮，等. 基于云、网、边融合的边缘计算新方案：算力网络[J]. 电信科学，2019，35（09）：44-51.

[8] 贾凡，熊刚，朱凤华，等. 基于 MQTT 的工业物联网通信系统研究与实现[J]. 智能科学与技术学报，2019，1（03）：249-259.

[9] 王海庆，杨永宁，白姗. 基于 K3S 的边缘计算在泛在电力物联网的技术研究[J]. 科技资讯，2019，17（34）：11-13.

[10] 罗晟皓. 基于 Docker 和 Kubernetes 的深度学习容器云平台的设计与实现[D]. 北京：北京交通大学，2019.

[11] 林博，张惠民. 边缘计算环境下基于动态反馈的 Kubernetes 调度算法[J]. 信息技术与信息化，2019（10）：101-103.

第 6 章

算力建模与交易关键技术

算力建模是算力网络中的重点及难点问题之一。算力建模针对异构的 IT 算力资源进行归一化量化建模，从而形成通用的可识别、可调度、可灵活配置的算力服务资源。算力交易则是算力网络中一套基于区块链的去中心化、低成本、保护隐私的交易服务。本章介绍算力资源度量、分级的关键技术，以及基于区块链的算力交易服务平台及交易流程。

6.1 算力资源建模技术

人工智能（AI）是一项引领未来的技术。近年来，随着深度学习、大数据、群体智能等技术在智慧医疗、智慧教育、智能安防、智能制造、智能巡检等领域的广泛应用，人工智能已经成为当代社会一项通用的技术。算法、数据和算力共同组成人工智能的三要素。一直以来，算力以不同的形式存在于人类发展的各个阶段，从古代的算盘到机械式计算器、电子数字计算器，再到晶体管、移动电话，算力已经渗透到人们生活的方方面面。

算力既是 AI 的基础，也是 AI 发展的主要驱动力。如同驱动前两次工业革命的煤炭和电力一样，算力驱动着人工智能的革命不断前行。在 20 世纪 70 年代，人工神经网络模型的理论架构已经基本成熟，但在之后的几十年里一直没能得到广泛认可和应用，其中的根源就在于算力的限制，即当时的算力无法有效支撑算法的运行。在算法和数据确定的情况下，算力的增加可以使算法获得更好的训练效果，同时大大减少有效的训练时间。据统计，自 2012 年以来，人们对于算力的需求增长超过 30 万倍（而如果按照摩尔定律的速度，只有 12 倍的增长）。从图 6-1 可知，由 AlexNet 发展至 AlphaGo Zero，计算力需求增长超过 30 万倍。

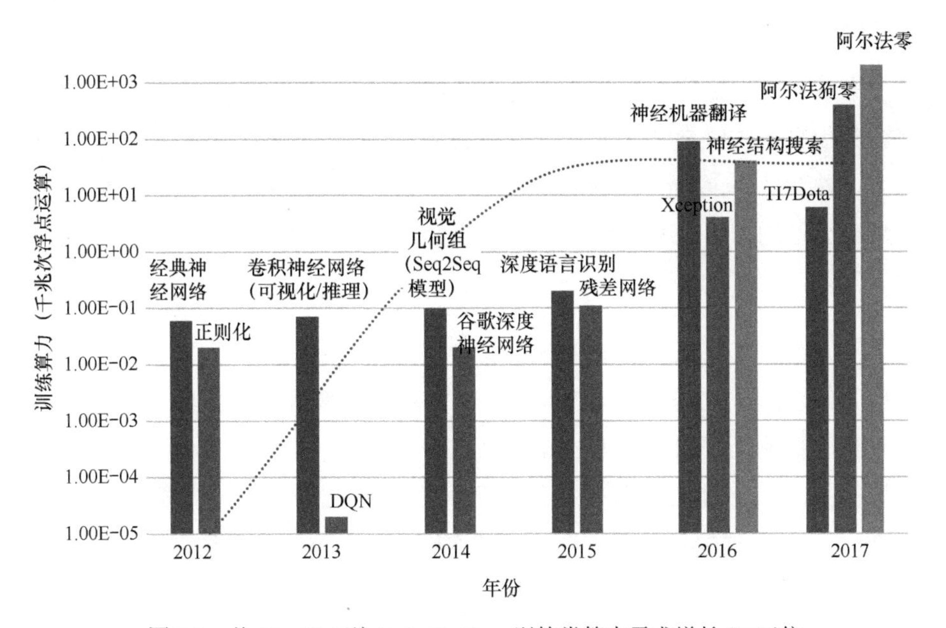

图 6-1　从 AlexNet 到 AlphaGo Zero 训练类算力需求增长 30 万倍

在算力网络时代，网络与算力一同融合作为基础资源提供服务。运营商基于算力网络，为客户提供所需算力和确定时延的产品。网络为计算服务，价值在于释放算力。目前，各种已经兴起的（如虚拟现实/增强现实）和潜在的（如自动驾驶）智能业务，均对算力提出了较高的要求，但是针对 IT 基础设施，其面向业务所提供的算力需求并没有被量化，也没有针对算力需求的分级。本章对异构的 IT 算力资源进行归一化建模，并提供算力的分级标准，以便算力提供者设计业务套餐时进行参考。算力的衡量与建模是提供算力服务的基础。将底层异构算力资源量化建模，能够形成业务层可理解、可快速使用的统一量化的算力资源。

6.1.1 算力度量

算力是近年来讨论的热门话题，但对“算力是什么”这个问题一直没有一个通用的标准定义。2018 年诺贝尔奖获得者、经济学者 William D. Nordhaus 在《计算过程》中对算力做了定义：“算力是设备根据内部状态的改变每秒可处理的信息数据量。”

本书中算力被定义为：算力是设备或平台为完成某种业务所具备的处理业务信息的关键核心能力，涉及设备或平台的计算能力，包括逻辑运算能力、并行计算能力、神经网络加速等。根据所运行算法和所涉及的数据计算类型不同，可将算力分为逻辑运算能力、并行计算能力和神经网络计算能力。

（1）逻辑运算能力。这种计算能力是一种通用的基础运算能力。硬件芯片的代表是中央处理器（CPU），这类芯片需要大量的空间去放置存储单元和控制单元。相比之下，计算单元只占据了很小的一部分，因此其在大规模并行计算能力上很受限制，但可以用于逻辑控制。一般情况下，TOPS（表示处理器每秒可进行一万亿次操作）可被用来衡量运算能力。在某些情况下，能效比 TOPS/W（表示在功耗为 1 W 的情况下，处理器能进行操作的次数）也可被作为评价处理器运算能力的一项性能指标。

（2）并行计算能力。并行计算能力是指一种一次可执行多个指令以提高计算速度的计算能力。这种计算能力特别适合处理大量类型统一的数据，不仅在图形图像处理领域大显身手，而且适合科学计算、密码破解、数值分析、海量数据处理（排序、Map-Reduce 等）、金融分析等需要并行计算的领域。典型的硬件芯片代表是英伟达公司推崇的图形处理单元（GPU）。GPU 的构成相对简单，有数量众多的计算单元和超长的流水线。常用浮点运算能力作为并行计算的度量标准。单位 TFLOPS/s 可以简单写为 T/s，意思是每秒一万亿次浮点指令。此外，相关单位还有 MFLOPS（megaFLOPS）、GFLOPS（gigaFLOPS）和 PFLOPS（petaFLOPS）。

（3）神经网络计算能力。神经网络计算能力主要用于 AI 神经网络、机器学习类密集计算型业务，是一种用来对机器学习、神经网络等进行加速的计算能力。近年来，厂商发布的 AI 类芯片都是为加速神经网络计算而设计的，如华为提出的网络处理器（NPU）、谷歌提出的张量处理单元（Tensor Processing Unit，TPU）。另外，机器学习、神经网络的本质是密集计算，如谷歌公司工程师举的例子——如果人们每天用 3 分钟的语音搜索，但运行没有 TPU 加持的语音识别人物，该公司将需要建造两倍多的数据中心。

专门做神经网络加速能力的芯片厂商都有各自测试的 Benchmark，处理能力也大多配合各自研发的算法。目前，这类能力常用的度量单位也是浮点计算能力 FLOPS。浮点计算能力高的计算设备能够更好地满足在同一时间里更多用户的任务请求，可以更有效地处理高并发任务数量的业务。

算力的统一量化是算力调度、使用的基础。从前面的分析知道，算力的需求可分为 3 类：逻辑运算能力、并行计算能力及神经网络加速能力。同时对不同的计算类型，不同厂商的芯片有各自不同的设计，这就涉及异构算力的统一度量。不同芯片所提供的算力可通过度量函数映射到统一的量纲。针对异构算力的设备和平台，假设存在 n 个逻辑运算芯片、m 个并行计算芯片和 p 个神经网络加速芯片，那么业务的算力需求可统一描述如下：

$$C_{\mathrm{br}}=\begin{cases}\sum_{i=1}^{n}\alpha_i f\left(a_i\right)+q_1\text{（TOPS）逻辑运算能力}\\ \sum_{j=1}^{m}\beta_j f\left(b_j\right)+q_2\text{（FLOPS）并行计算能力}\\ \sum_{k=1}^{p}\gamma_k f\left(c_k\right)+q_3\text{（FLOPS）神经网络加速能力}\end{cases}\qquad(6\text{-}1)$$

式中，C_{br} 为总的算力需求；$f(x)$ 是映射函数；α、β 和 γ 为映射比例系数；q 为冗余算力。以并行计算能力为例，假设有 b_1、b_2、b_3 3 种不同类型的并行计算芯片资源，则 $f(b_j)$ 表示第 j 个并行计算芯片 b 可提供的并行计算能力的映射函数，q_2 表示并行计算的冗余算力。

6.1.2 算力分级

随着 AI、5G 的兴起，各种智能业务应运而生，并呈现多样化趋势。不同的业务运行所需算力需求的类型和量级也不尽相同，如非实时、非移动的 AI 训练类业务，这类业务训练数据量庞大，神经网络算法层数复杂，若想快速达到训练效果，需要计算能力和存储能力都极高的运行平台或设备。对于实时类的推理业务，一般要求网络具有低时延，对计算能力的需求则可降低几个量级。将业务运行所需的算力按照一定标准划分为多个等级，不仅可以作为算力提供者设计业务套餐时的参考，也可作为算力平台设计者在设计算力网络平台时对算力资源的选型依据。

由于智能应用对算力的诉求主要是浮点计算能力，因此业务所需浮点计算能力的大小可作为算力分级的依据。针对目前应用的算力需求，可将算力划分为 4 个等级，具体见表 6-1。

表 6-1 算力分级表

算力分类等级	算力水平	典型推理场景
超大型算力	>1 PFLOPS，P 级算力	渲染农场、超算类应用；部分大型模型训练，如 VGGNet 模型训练
大型算力	10 TFLOPS～1 PFLOPS	多数模型训练，如卷积神经网络（CNN）、递归神经网络（RNN）
中型算力	500 GFLOPS～10 TFLOPS	推理类应用，如安防、目标检测
小型算力	< 500 GFLOPS	小型计算应用场景，单条语音语义
注：1 GFLOPS=10^9 FLOPS，1 TFLOPS=10^{12} FLOPS，1 PFLOPS=10^{15} FLOPS		

从现有业务上看，超算类应用、大型渲染类业务对算力的需求是最高的，可达到 P 级算力需求，这类需求被定位为超大型算力；大型算力主要是 AI 训练类应用，根据算法的不同及训练数据的类型和大小，这类应用所需的算力从 T 级到 P 级不等；中型算力则主要针对类似 AI 推理类业务，这

类业务大多部署在终端边缘，对算力的需求稍弱；此外，小于 500 GFLOPS 的算力需求被定义为小型算力。

6.1.3 计算、存储、网络联合服务

业务运行需要平台或设备的算力需求保障，同时不同类型的业务还需要诸如存储能力、网络能力等个性化能力。

（1）存储能力。在算力网络中，存储在数据处理过程中起着至关重要的作用。随着对数据处理需求的日益增长，数据存储的重要性也显著提升。内存与显存的数量可以作为关键指标用来衡量计算存储的能力，通常以吉比特为单位。存储能力在很大程度上影响计算机的处理速率。

（2）网络能力。在保障业务服务质量（QoS）方面，网络能力是一个非常重要的指标（尤其是针对一些实时性业务）。这就要求灵活调度部署网络以满足业务对时延和抖动的需求。对于人工智能应用来说，模型的推理时延也是衡量算力的关键指标。推理时延越低，用户的体验越好，而较高的时延可能会导致某些实时应用无法达到要求。

（3）编解码能力。编解码是指信息从一种形式变换为另一种形式的过程。这里的变换既包括将信号或数据流进行编码（通常为了传输、存储或加密）提取得到一个编码流的操作，也包括为了观察或处理从这个编码流中恢复适合观察或操作的形式。编解码器经常用在视频会议和流媒体等涉及图形图像处理的应用中。

编解码能力需要相应的硬件配置编解码的引擎。一般的编解码能力附着在计算芯片上，如英伟达 GPU 芯片带有编解码引擎（编码引擎为 NVENC，解码引擎为 NVDEC）。

（4）每秒传输帧数（FPS）。FPS 主要用于渲染场景，其是图像领域的定义，指画面每秒传输的帧数，即动画或视频的画面数。每秒能够处理的

帧数越多，画面就越流畅。在分辨率不变的情况下，GPU 的处理能力越高，FPS 就越高。

（5）吞吐量。在深度学习模型的训练过程中，一个关键指标就是模型每秒能输入和输出的数据量。在广大 AI 应用中，图像和视频业务占据了很高的比例，因此在衡量吞吐量的时候，可以使用 images/s 来衡量模型的处理速度。设备或平台运行业务的服务能力涉及前面所述的算力、网络和存储，以及其他如 FPS、吞吐量等。这些能力共同保障用户的业务体验。

6.1.4 不同业务场景服务能力需求分析

1. 训练类场景

训练业务是指通过大数据训练出一个复杂的神经网络模型，即用大量标记过的数据来“训练”相应的系统，使之可以适应特定的功能场景。训练不仅需要极高的计算性能，而且需要处理海量数据，同时要具有一定的通用性，以便完成各种各样的学习任务。目前训练业务主要集中在云端，须有足够强大的计算能力。训练类业务的服务能力需求参见表 6-2。

表 6-2 人工智能模型训练类业务相关参数

业务类型	算法	应用场景	算力需求估算	网络需求估算	存储需求估算
AI 模型训练算法	VGGNet	以训练迭代一次为例（ImageNet 中的 ILSVRC 2010 数据集，包含 1000 类，共 120 万张训练图像，50 000 张验证集，150 000 张测试集）	19 PFLOPS(FP64)	非实时类业务	VGG16 模型权重大小为 138.37 MB；ImageNet 数据集大小为 0～1 TB
		以训练迭代一次为例（CoCo 数据集，包含 80 个对象类别，33 万张图像）	6 PFLOPS(FP64)		VGG16 模型权重大小为 138.37 MB；CoCo 数据集大小约为 20 GB

续表

业务类型	算法	应用场景	算力需求估算	网络需求估算	存储需求估算
AI 模型训练算法	ResNet50	在 ImageNet 数据集上，以训练迭代一次为例	5 PFLOPS(FP64)	非实时类业务	ResNet50 模型权重大小为 25.56 MB；ImageNet 数据集大小约为 1 TB
		以 ResNet50 在 CoCo 数据集训练迭代一次为例	2 PFLOPS(FP64)		ResNet50 模型权重大小为 25.56 MB；CoCo 数据集大小约为 20 GB

2. 推理类场景

推理类业务是指利用训练好的模型，使用新数据推理出各种结论，即借助现有神经网络模型进行运算，利用新的输入数据一次性获得正确结论的过程，也叫作预测或推断。虽然目前推理过程主要在云端完成，但越来越多的厂商正将其逐渐转移到终端。推理对计算性能要求不高，更注重综合指标，如单位能耗算力、时延、成本等。推理类业务的服务能力需求参见表 6-3。

表 6-3　人工智能模型推理类业务相关参数

业务类型	算法	应用场景	算力需求估算	网络需求估算	存储需求估算
AI 推理算法	CNN［以 MTCNN 人脸识别算法为例（CNN 约占 80%算力需求）］	单张图像的人脸识别任务	10 GFLOPS(FP64)（输入图片像素为 2560×1920）	时延 <60 ms	MTCNN 模型权重大小为 186 MB
		单路单流对人脸图像进行识别，应用在实验室环境	13 GFLOPS(FP64)（推测检测一张分辨率为 2560×1920 的图片所需要的算力：10/0.8≈13）	时延 <60 ms	

续表

业务类型	算法	应用场景	算力需求估算	网络需求估算	存储需求估算
AI 推理算法	CNN［以 MTCNN 人脸识别算法为例（CNN 约占 80%算力需求）］	单路多流对人脸图像进行识别，应用于写字楼等场景，实现并发（以 300 张图片并发为例）人脸识别功能	4 TFLOPS(FP64)（300 张并发检测所需要的算力：300×0.013 TFLOPS/每张）	时延 <60 ms	MTCNN 模型权重大小为 186 MB
		多路多流对人脸图像进行识别（16 路，300 张图像并发），应用于城市街道、闹市区	64 TFLOPS(FP64)（16 路监控视频高并发检测所需要的算力：16×4 TFLOPS/每路）	时延 <200 ms	
	RNN（以 DeepSpeech2 语音识别算法为例）	对一条语音进行识别	2 GFLOPS(FP64)（数据来源：BIG-LITTLE NET: AN EFFICIENT MULTI-SCALE FEATURE REPRESENTATION FOR VISUAL AND SPEECH RECOGNITION 中的论文实验）	时延 <60 ms	DeepSpeech2 普通话语音识别模型权重大小为 216 MB
		实现并发（以 500 条语音识别为例）语音识别任务	1 TFLOPS(FP64)(500 条语音高并发所需算力：2 GFLOPS×500)	时延 <60 ms	

3．云增强现实（AR）/虚拟现实（VR）类场景

移动 AR/VR 业务是一种云、端结合的方式，其本质是一种交互式在线视频流。对于云侧拥有超强算力和低延时的网络，更多的渲染工作首先在云侧完成，然后通过网络传送给用户侧，如手机、PC、PAD、机顶盒等终端设备。用户通过输入设备（虚拟键盘、手柄等）对业务进行实时操作，如图 6-2 所示。

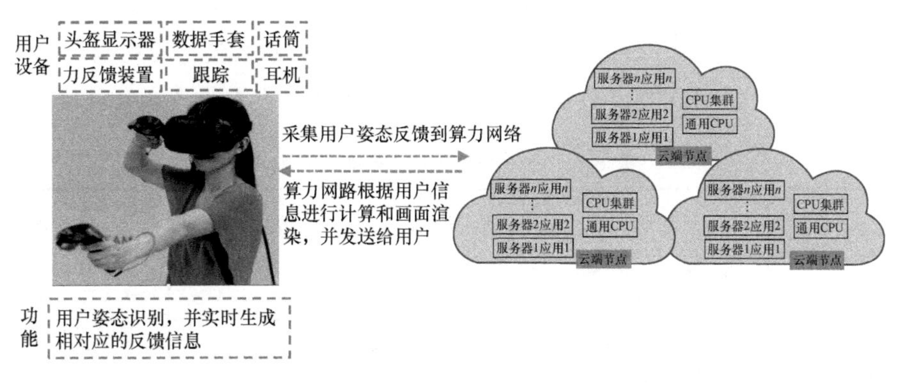

图 6-2 虚拟现实系统的组成及交互示意图

另外，AR/VR 业务在高铁、地铁等高速移动的场景下，用户侧终端设备将会在多个基站甚至多个地域进行网络切换，这将导致初始连接的云侧节点网络延迟增加。根据用户的实际情况进行统一调度和管理，将计算能力在多个节点之间无缝迁移，可保障流畅切换的无感用户体验。此外，爆款的 AR/VR 游戏通常会在短时间内汇聚大量用户，其社交属性会带来地域相对密集的特点。这就要求算力网络节点能够快速调用计算能力，设计灵活的架构进行弹性伸缩，以满足用户的密集需求。云 AR/VR 业务参数见表 6-4。

表 6-4 云 AR/VR 业务参数表

业务类型	算法	应用场景	算力需求估算	网络需求估算	存储需求估算
AR/VR 类业务	4K、8K 点播业务	教育点播、娱乐点播等	小型算力 <500 GFLOPS	<15 ms, 200 Mbps	运行环境：单个流媒体服务器（内存为 16 GB，存储空间约为 1 TB）
	网红直播	直播业务员		<150 ms,10 Mbps	
	视频会议双流	实时视频业务		<25 ms,20 Mbps	

4．视频类场景

伴随宽带网络和移动互联技术的不断提升，娱乐视频、通信视频、行业视频等各大领域的视频业务迅猛发展。除传统的视频会议外，视频培训、视频客户服务、远程医疗、在线直播等一系列新兴视频应用正在各个行业迅速普及。不同视频任务对于算力等性能需求情况参见表 6-5。

表 6-5 视频类场景的服务能力需求

业务类型	应用场景	算力需求估算	网络需求估算	存储需求估算
视频类业务	PC VR、移动 VR、2DAR 动作本地闭环、全景云端下载、远程办公、购物等	40 EFLOPS(FP32) 算力需求来自视频编解码及视频内容语义感知和环境感知（数据来源：华为《泛在算力：智能社会的基石》）	20 Mbps 时延<50 ms	运行环境：内存 4GB，存储 32 GB
	2DAR 动作本地闭环，全景云端下载		40 Mbps 时延<20 ms	

5. 智能驾驶场景

智能驾驶、车联网是智慧城市的重要组成部分。在 2019 年新冠肺炎疫情出现时，无人车送餐、无人车消杀等都体现出了优势。由于智能驾驶对安全要求极高，目前每个车辆都装备大算力的工控机，这大大增加了无人驾驶车辆的成本。若将车辆的计算能力释放到云侧，则需要算力网络同时具备极低的时延和超强的算力。此外，智能驾驶具有移动性，需要算力节点的无缝切换，以保障智能驾驶业务的超低时延。智能驾驶业务对于算力等相关资源的需求情况见表 6-6。

表 6-6 智能驾驶业务对于算力等相关资源的需求情况

业务类型	应用场景		算力需求估算	网络需求估算	存储需求估算
智能驾驶	环境感知	融合多路视觉激光等数据，推理计算	24TOPS/或 8TFLOPS（Drive PX2）FP16	<5 ms	运行环境：内存 16 GB，存储空间 128 GB
	决策避障	对障碍物轨迹跟踪，风险提醒		<10 ms	
	自车定位	根据感知等信息给出自车 6 DOF 位姿		<5 ms	

本部分针对不同算力资源进行统一建模，给出算力分级标准，并阐述了为保障业务算力、存储、网络等的联合服务能力，从业务的角度归纳

了不同类型业务的服务能力需求。算力的衡量与建模是一个比较困难但却很重要的研究课题。未来，随着算力规模特别是边缘算力规模的进一步扩大，算力与网络的结合将越来越紧密。通过网络对算力进行调度，引入合理的网络调度方法，可降低云、边、端协同的智能业务对算法和算力的需求。

6.2 算力服务与交易技术

6.2.1 可信算力交易平台

泛在计算以算力作为服务提供给用户，泛在计算的算力交易平台是一套基于区块链的去中心化、低成本、保护隐私的可信算力交易平台。该平台的计算节点由多种形态的算力设备组成，包含大型 GPU 设备或 FPGA 服务器集群、中小型企业闲散的空余服务器及个人闲置的计算节点等。该平台能承载海量计算产品的底层算力需求，推动整个算力交易行业的发展。

算力交易过程中有三种角色，如图 6-3 所示。

（1）算力卖家：贡献闲散算力，如手机终端、计算机、游戏机、企业空闲时的小型数据中心等。卖家将零散算力通过注册或更新的方式告知算力交易平台。

（2）算力买家：向算力交易平台提出算力需求，获得算力交易平台分配的容器节点，并进行付费、执行任务等操作。

（3）可信算力交易平台：可信算力交易平台作为中间角色分别与算力卖家和买家打交道，维护、纳管、调度算力资源，提供经济、高效、安全、可靠的算力服务。

可信算力交易平台的设计原则如下：

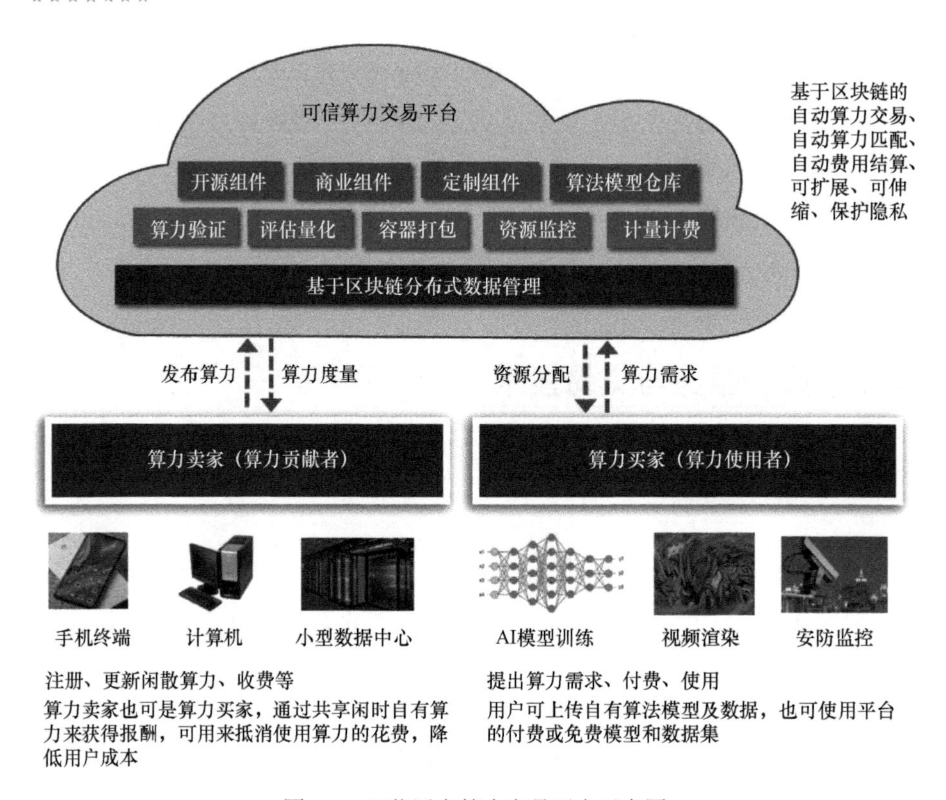

图 6-3　可信泛在算力交易平台示意图

（1）模块松耦合原则：可信算力交易平台的每一个模块都是松耦合的，从而很容易添加新的模块，每个模块本身更新不应该需要其他模块接口的变化。

（2）资源弹性原则：算力用户访问平台是不确定的，若平台用户量不断增加，平台的节点容器应具备自动化部署能力，快速实现横向扩展，并且对于高并发的情况，可通过负载均衡技术实现负载的分担。

（3）隐私保护原则：算力交易平台的各方参与者都可以得到隐私保护，参与者可以根据自己的需求来选择信息的开发程度，而平台可通过加密算法和分离机制来保障信息安全。

（4）算力和网络联合服务优化原则：算力交易平台可针对一些常见的

通用产品进行优化，如目前主流的深度学习框架 TensorFlow、Caffe、CNTK，平台在 CUDA GPU 之上进行运算优化，同时对于低延迟的业务需求，平台整合网络资源，优先保障业务 SLA。

（5）自动化运维原则：当某个节点容器出现故障的时候应该能够及时报警提醒，并且将故障节点移除，同时增加一个正常节点。

6.2.2 可信算力交易流程

在以往的算力交易模式中，算力买家和算力卖家站在对立面，未来泛在算力网络将以算力作为服务提供给用户。在算力交易过程中，算力的贡献者（算力卖家）与算力的使用者（算力买家）分离，通过可拓展的区块链技术和容器技术，整合算力贡献者的零散算力，为算力使用者提供经济、高效、去中心化的算力服务。可将算力交易过程分为两个大的流程，即零散算力资源纳管流程及提供算力服务流程。

1）对于提供算力服务流程

（1）算力使用者提出使用请求，包括计算能力、网络和存储能力等信息，同时上传用户自有的学习模型和数据集，当然在算力交易平台上用户除可以上传自有的学习模型和数据集之外，其上还上架有付费或免费模型、数据集以供算力买家租用或购买。

（2）算力交易平台根据用户需求自动寻找、匹配算力节点，随后执行算力业务的节点会根据提供算力的大小获得相应的报酬。同时根据平台对需求的评估，返回给算力使用者相应的报价单。

（3）在得到用户认可后，调度算力资源，提供算力服务。

（4）算力买家使用算力服务，并且在业务运行中，算力买家可以通过平台上的日志监控整个业务运行过程。一旦业务运行中出现异常，用户端可以及时看到预警内容。

（5）业务结束后，算力买家需要根据约定的价格支付相应费用，随后整个业务运行的数据、日志、模型也将在所运行的算力节点上被删除，当然如果需要保留也可以选择将数据保存在算力交易平台上。

2）对于零散算力资源纳管流程

（1）算力卖家发布给算力交易平台自身的能力，如算力、存储、网络资源、可用时间等信息。

（2）算力交易平台收到注册消息后对算力进行评估。

（3）返回算力卖家确认消息。

（4）算力交易平台将新的算力节点加入区块链认证，且纳管到算力交易的资源池，以备征用。

本章参考文献

[1] 华为技术有限公司. 泛在算力：智能社会的基石[R/OL]. 2020.

[2] 中国联合网络通信有限公司. 中国联通算力网络白皮书[R/OL]. 2020.

[3] 雷波，刘增义，王旭亮，等. 基于云、网、边融合的边缘计算新方案：算力网络 [J]. 电信科学，2019，35（09）：44-51.

[4] 姚惠娟，耿亮. 面向计算网络融合的下一代网络架构[J]. 电信科学，2019，35（9）：38-43.

[5] JOUPPI N P, YOUNG C, PATIL N, et al. In-datacenter performance analysis of a tensor processing unit. 2017, 45（2）: 1-12.

[6] GAMATIE A, DEVIC G, SASSATELLI G, et al. Towards energy-efficient heterogeneous multicore architectures for edge computing [J]. IEEE access, 2019, 7: 49474-49491.

[7] 肖汉，李彩林，李琦，等. CPU+GPU 异构并行的矩阵转置算法研究[J]. 东北师大学报（自然科学版），2019，51（04）：70-77.

[8] GENTSCH P. AI business: framework and maturity model [M]. 2019.

[9] WANG L, GUO S, HUANG W L, et al. Places205-VGGNet models for scene recognition [J]. Computer Science, 2015.

[10] GIRSHICK R. Fast R-CNN [J]. Computer Science, 2015.

[11] 中国信息通信研究院，国家广播电视总局广播电视科学研究院，中国新闻出版传媒集团有限公司，等. 云游戏产业发展白皮书[R/OL]. 2019.

[12] 华为技术有限公司. 5G 应用立场白皮书[R/OL]. [2020-08-07].

[13] 唐洁，刘少山. 面向无人驾驶的边缘高精地图服务[J]. 中兴通讯技术，2019，25（3）：58-67.

第 7 章

其他关联技术

算力网络是一个系统、完整的技术体系，本书前几章介绍的控制转发、编排调度、建模交易是其主要组成部分。除此之外，算力网络的建设运营及相关算力服务的成功开展，也需要包括云光协同、超低时延高可靠、网络安全、网络 AI 与智能运维，以及其他 IT 支撑技术的有效保障。本章以点带面，对上述关联技术进行分析和总结。

7.1 云光协同

除上述章节中提到的算网协议、平台、应用方面的关键技术外，还有许多支撑算网能力进一步深化和拓展的使能性技术，云光一体就是其中的重要内容之一。从光网络演进角度来说，如图 7-1 所示，来自工信部数据显示，截至 2020 年 9 月末，我国光缆线路总长度达到 4983 万千米，同比增长 7.3%，光纤接入（FTTH/O）端口达到 8.67 亿个，占比提高到 92.5%。光网络拥有巨大可用频谱（10 THz）、超大容量链路（100 Tbps）、超高速率（1 Tbps）、超大容量节点（Pbps），这些特点是实现云光融合的关键。构建智能光网络，促进云光融合，能够重塑通信管道的价值，助力运营商网络由承载网络向业务网络演进，从而更好地服务企业数字化转型。

光承载网作为管道的价值，在这里将体现为“云+光+应用”业务模式，也意味着光网络要向智能化、扁平化演进，最终实现云光协同是云网融合发展的关键点之一。有专家表示，要实现全光网络，首先要继续推进链路的光纤化，目前主干网络的传输光纤正向单波 400 Gbps 的速率演进；其次是实现网络节点的全光交换，骨干网上部署的可重构光分插复用（Reconfigurable Optical Add-Drop Multiplexer，ROADM）网络技术继续向城域网、接入网下沉式演进，最终实现灵活、可靠的智能全光网络，为云光融合提供保障。目前逐步演进的云光融合承载网络将利用更好的光层组网，不断满足多业务接入综合承载，在汇聚层具有光电混合协同、灵活光电调度等特点，不同业务云之间也能满足高速互联特性。

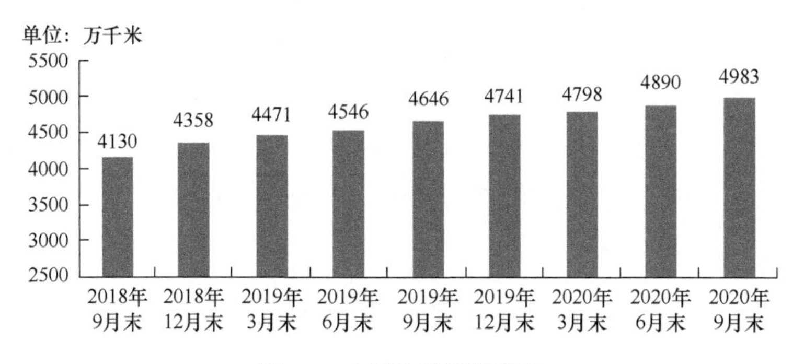

图 7-1　全国光缆线路长度

从需求方面来说，当今云计算已经成为网络通信很重要的独立业务，在此背景下，云计算带来的业务流量也正在成为运营商和互联网巨头的最大收入来源之一，面向服务的新一代智能光网络可以进一步提升运营商的服务能力，增加网络价值。运营商面对庞大的云流量，云光协同创新也是其实现差异化竞争的核心竞争力之一。面向未来 5G 各类新业务的快速发展，光网络加速渗透至企业场景，新型信息通信技术正在重塑企业的生产力和生产关系，泛在云网服务的海量连接亟须新的网络架构来支撑新业务。光网络是推动和支撑新业务发展的基础，超高速的光传送与接入可以满足流量增长，低时延、高质量专线的政企光业务网可服务产业互联，集成 SDN 技术数据中心间的智能光网络可更好地适应其云化转型，更加开放的光网络设备解耦可以实现开放的产业生态。

进一步的云光协同业务不仅要满足用户网络边缘设备的全光接入，还需要全光管道的动态调度、全光入云等技术才能满足云网协同、网随云动。因此也可以说，云光协同是更高质量的云网融合，在满足云网融合强调的网随云动、网络云化的条件下，云光协同还将提供基于光网的云互联、云专线和云接入，这进一步推动了开放光网络发展。

实现网络的云光协同，将需要多个关键技术的支撑。首先在光网络交换领域，需要满足更为广泛和健壮的全光交换节点，如上面所述，ROADM 技术是实现全光网络的关键，其具有灵活调度、交换容量大、低时延、低功耗等特性，尤其是目前第三代 ROADM 技术具有的灵活栅格更是面向超级光通道的解决方案，为应对这一技术趋势，国内运营商已开始现网的部署试验，如中国联通京津冀 ROADM 网络已经全面投入运行，长三角和珠三角区域的 ROADM 网络也开始建设，共同构建中国联通东部的 ROADM 区域网，此外重点地市也开始规模部署 ROADM 网络和 WSON 智能管控。

其次是要在光承载网络上建立灵活管道，通过集成光数据单元（Optical Data Unit，ODU）和光服务单元（Optical Service Unit，OSU）混合承载，让 OSU 划分更小颗粒并可映射到光通路数据单元（ODUk），从而兼容现网，确保网络的平滑演进，加上面向城域综合承载的 G.Metro（G.698.4）标准技术，采用波长可调激光器，提供波长级业务服务，具备与端口无关和自动适配波长的功能。G.Metro 系统中尾端设备上发射机能够自动根据所连接光合分波器（OD/OM）或光分插复用器（OADM）的物理端口来适配多点接口（Multi-Point Interface，MPI）的波长，进而实现超宽带全光接入，如图 7-2 所示。

第三点是要有一个集中的 SDN 智能管控系统，这也是实现云光协同的关键，引入 SDN 控制器，让网络控制面与数据转发面实现分离，集中式的 SDN 用于计算全局资源的最优路径，可以更高效地利用全网带宽资源，加快收敛速度，根据链路状态，获取时延最短业务路径，降低业务时延。此外，OTN 的 SDN 化改造也将为云光协同奠定基础，这里将涉及 OTN 统一管控系统，通过协同器实现多厂家协同器的协同工作，实现跨域跨厂家端到端光业务网络的编排部署，即统一南向接口支持多厂家 OTN-CPE 接入，并让 OSS/BSS 系统互通，从而方便业务的快速开通，如图 7-3 所示。

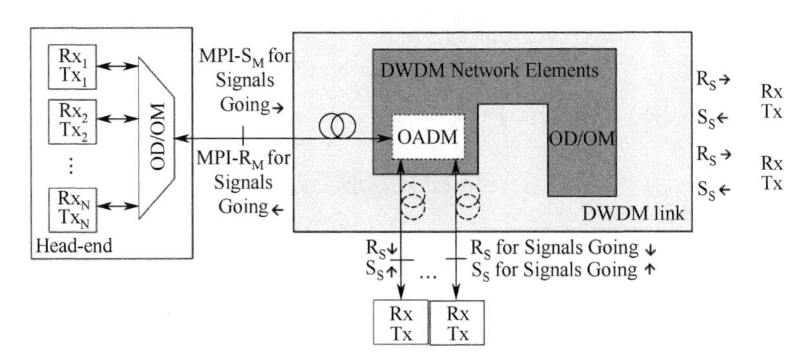

图 7-2 G.Metro 系统架构

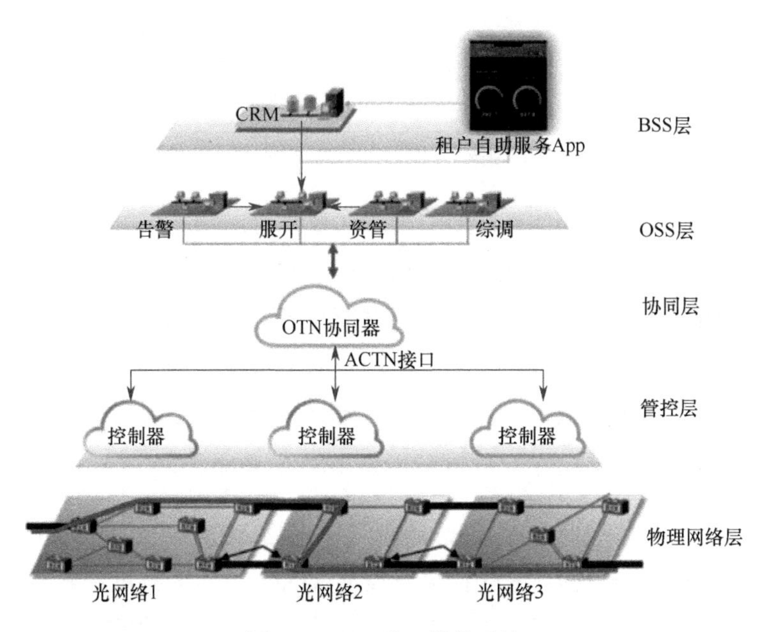

图 7-3 OTN 统一管控系统

目前来看，基于 OTN/WDM/ROADM 的智能光电混合网络成为骨干网的发展趋势，IP 与光网络技术可以相互借鉴，通过引入 SDN 控制器也能够实现 IP 层和光层的协同控制，从而实现网络资源的智能调度，如图 7-4 所示。其中之一的应用场景涉及 IP 和光在不同控制体系内的分层，通过一个 IP+光的跨域控制器，实现 IP 域控制器和光域控制器之间的拓扑及连接信息交换；为用户和云服务互联构建 IP 与光一体化的超宽带承载网，实现多网协同的流量调度、路径优化和保护恢复，从而提高资源利用率、简化跨层运维和规划。中国联通发布的 CUBE-Net2.0 控制体系中就曾对这一概念进行过详细阐述。

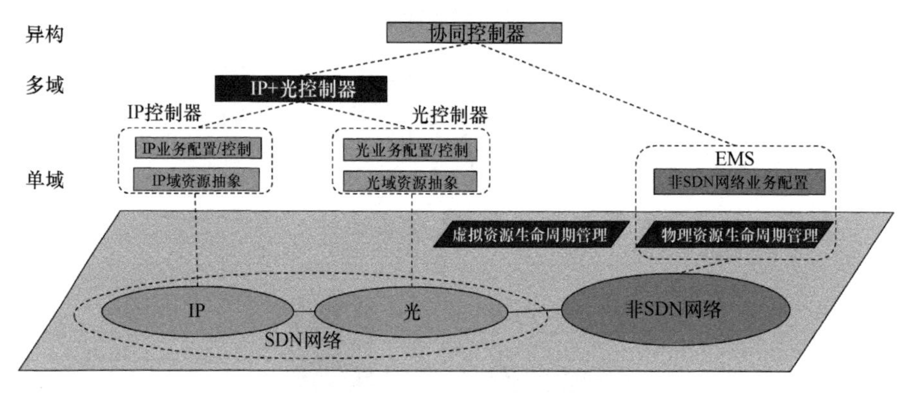

图 7-4　IP 与光协同架构

云光协同还具有开放光网络的需求，开放光网络不仅要实现终端设备和光路的解耦组网，还包括通过开放的南、北向接口，实现不同设备的统一管控，借此运营商和用户对于网络功能将有更大的选择权。开放光网络将使网络产业链更为开放，从而降低现网的运营成本和新型网络的建设成本，在网络中引进新技术也更为方便，同时更能满足用户对于网络业务的个性化需求。一种开放光网络管控系统的架构图如图 7-5 所示。

云光协同虽然是面向未来云光融合的一项关键技术，但目前仍面临一些问题和挑战：一方面，骨干网全光交叉 OXC 节点的维度和容量需要提升，由于在大节点处，线路方向多，往往具有多个平行的节点，所以会造成接口的浪费，目前商用 ROADM 的维度为 20 左右，为了进一步降低全光交换设备的体积，仍需要开发 32 维，甚至 64 维的 ROADM 全光背板，并且随着 SDN 技术的广泛应用，进一步实现开放解耦的 ROADM 也将是一种技术趋势。另一方面，光层组网的范围仍然有限，据统计，运营商省际干线 1000km 以上的多数电路层无法与光层直通，在全国组网范围内仍未开发出适配的跨域、跨厂家的电层控制器。尽管引入 SDN 技术，但是全光网络的规划和运维支撑工具尚待优化和标准化，光路的建立/拆除还是依靠人工指令，难以实现主动网络，因此下一步将向认知全光网络演进，基于机器学习实时调整网络配置，自动适应网络环境的变化，从而实现自动优化的光网络配置，提高全光网络的整体质量。

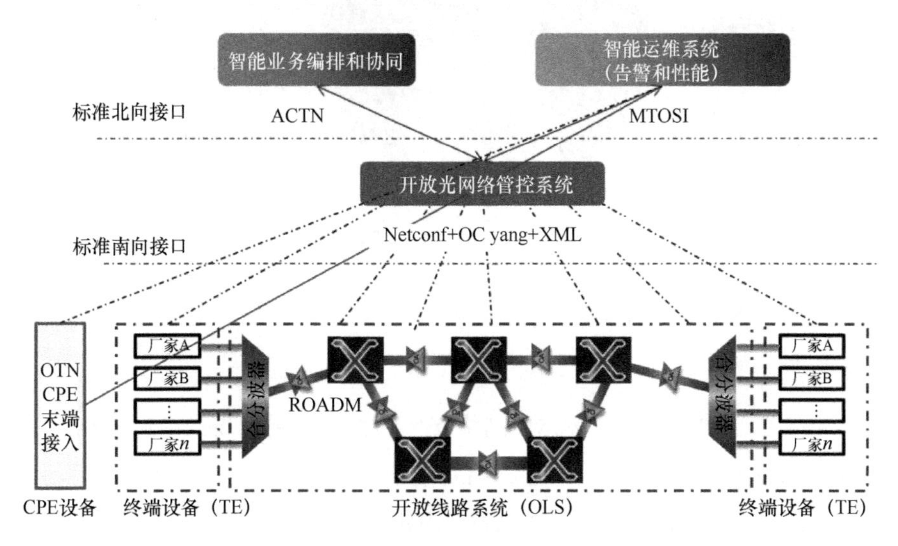

图 7-5　一种开放光网络管控系统的架构图

7.2　超低时延与高可靠性

为了实现与现网 4G 的兼容演进，目前全球在用的 5G 商用网络主要为非独立组网（Non-Stand Alone，NSA）架构，通过 4G 现有网络实现 5G 小范围部署，可以节省开支，并使 5G 网络有序推进，但这种组网方式仅能支持 eMBB 单一应用场景。5G 网络还有另一种演进组网方式，即独立组网（Stand Alone，SA）架构，可以同时满足 eMBB、mMTC 和 URLLC

三大应用场景，如图 7-6 所示。随着 5G 系统和芯片技术的发展，商用 NSA 网络将逐步向 SA 演进，未来新建的 5G 网络也将会直接采用 SA 组网架构来实现。

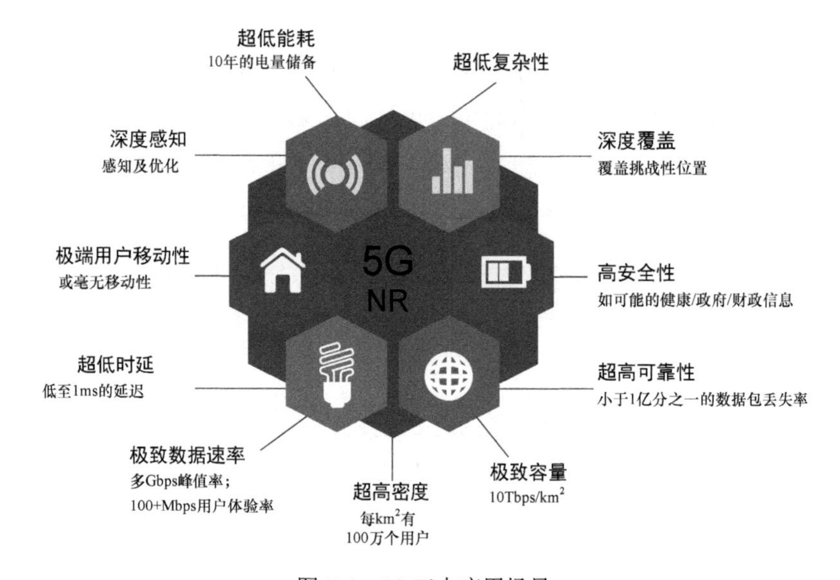

图 7-6　5G 三大应用场景

URLLC 是继 eMBB 之后 5G 网络支持的第二大用例场景。5G 网络下的超低时延、高可靠连接是一个端到端的概念，这里只是指 5G RAN 范围内的 URLLC，在 3GPP RAN TR38.913 中定义的 URLLC 指标是控制面时延 10ms、用户面时延 0.5 ms、移动性中断时间 0 ms、可靠性 99.999%（32 Byte@1ms），可以满足自动化工厂、智能驾驶、智能电网和远程医疗等多种行业需求，见表 7-1。

表 7-1　URLLC 的特性参数表

指　　标	协 议 定 义	目　标　值
控制面时延	从节能状态到开始连续传输数据	10 ms
用户面时延	在上行链路和下行链路方向上通过无线电接口将应用层数据包/消息从无线电协议层 2/3 SDU 入口点成功地传送到无线电协议层 2/3 SDU 出口点所需的时间	DL：0.5 ms UL：0.5 ms

续表

指　　标	协 议 定 义	目 标 值
移动性中断时间	系统支持的最短持续时间，在此期间，用户终端不能交换用户面的数据包	0 ms
可靠性	一定的信道质量（如覆盖边缘）条件下，在一定延迟内传输 X 比特的成功概率	99.999%（32 Byte@1 ms）

就 5G 技术的标准化进程而言，主要涉及 ITU 和 3GPP 两大标准组织，后者主要负责具体的技术标准和执行规范，并把 5G 技术标准分为 Rel-15 和 Rel-16 两个阶段，5G 技术标准还被称为 NR（New Radio），其中，Rel-15 又分为 NSA 版本、SA 版本和 late drop 版本三种。2017 年 12 月，3GPP 完成了 Rel-15 NSA 版本；2018 年 6 月，3GPP 发布了 Rel-15 SA 版本；2018 年年底，为了保证 5G 首次部署的稳定性和兼容性，3GPP 又决定推迟 Rel-15 late drop 版本。Rel-15 是 5G 第一阶段的标准版本，已经基本完成 eMMB 用例场景的标准化工作。2019 年和 2020 年上半年将分别完成 Rel-15 late drop 版本和 R6 版本，3GPP 在 Rel-15 中正式引入 URLLC，并将在 Rel-16 中进一步完善。

Rel-15 定义了单链接（Single-Link）的功能，对部分应用而言，Rel-15 定义已经满足商用需求，Rel-16 在此基础上考虑提升效率来满足更严格要求，Rel-15 标准已经于 2019 年 3 月全部冻结，2020 年 7 月 3GPP 宣布 5G 第一个演进标准 Rel-16 完成，各大厂商可以依据该标准开始产品的研发，这也进一步加快了全球 5G 网络的部署，并且 3GPP 拟定了 5G 后续演进标准 Rel-17 和 Rel-18 的制定计划，如图 7-7 所示。

5G URLLC 满足低时延要求，这将是 5G 时代的一大优势，直观上说，在 4G 时代几十毫秒的延迟可以满足网络游戏的需求，但无法满足自动驾驶、工业互联网等应用场景的需求。Rel-15 标准主要采取灵活的帧结构、载波间隔和调度周期等实现配置以满足低时延的需求。4G 时代的调度单元为子帧，子载波间隔仅支持 15 kHz，子帧的固定长度为 1 ms，5G NR 调度

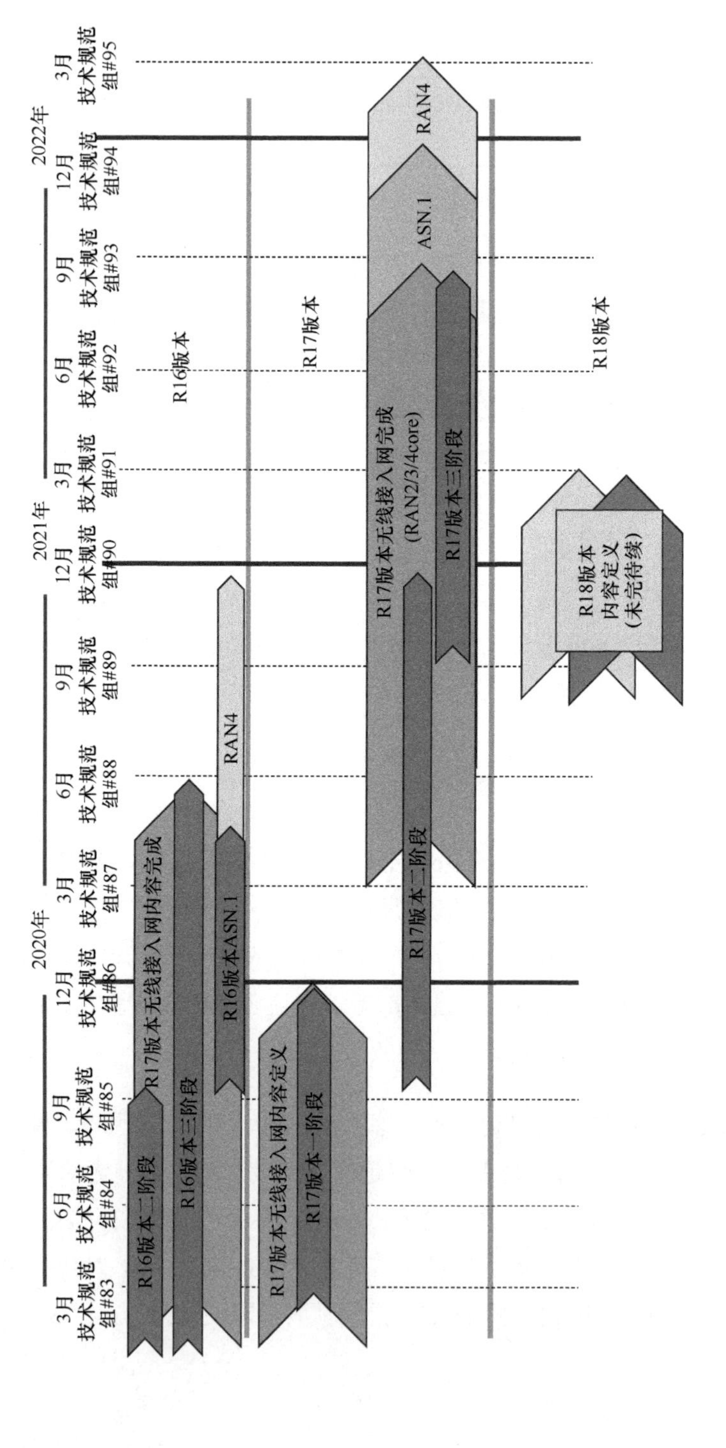

图 7-7 3GPP 标准进程

单元是时隙（Slot）。为实现灵活的时隙长度，NR 定义了不同的子载波间隔，子载波间隔决定了时隙的长度。

Slot 的长度越短，NR 调度单元越短，时延越低，如 Sub3G FDD 每子帧 Slot 数为 1，Slot 的长度为 1ms，而对于 C-Band，每子帧 Slot 数可以为 2 或 4，Slot 长度就缩短为 0.5 ms 或 0.25 ms，毫米波的 Slot 数可以为 8 或 16，Slot 长度可以进一步缩短为 0.125 ms 和 0.0625 ms，NR 频段越高，Slot 长度越短，时延越低，见表 7-2。

表 7-2　不同频段下 Slot 的特性情况

频　段	子载波间隔	每子帧 Slot 数	Slot 的长度
Sub3G FDD	15 kHz	1	1 ms
C-Band	30 kHz	2	0.5 ms
	60 kHz	4	0.25 ms
毫米波	120 kHz	8	0.125 ms
	240 kHz	16	0.0625 ms

对于 eMBB 业务而言，Slot 是最小的调度单元，而对于 URLLC 业务而言，Mini-Slot 是最小的调度单元。一个 Slot 由 14 个符号（Symbol）组成，Mini-Slot 可以由 2、4 或 7 个符号组成，因此可以进一步缩短时长，大幅度降低空口传输时延和基站处理时长，如图 7-8 所示。

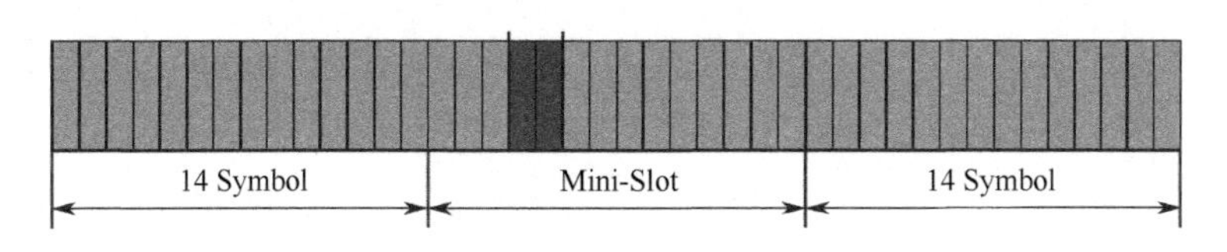

图 7-8　Mini-Slot 符号特性

在突发 URLLC 业务需求时，Mini-Slot 可以迅速被插入 eMBB 的时隙中，从而提升系统的反应速度。传统上行数据的传输需要先请求调度资源，得到基站许可后开始上传，而 URLLC 引入 Grant-free Access 机制，省略了部分信令，从而可以缩短上行的信令时延。

在 LTE 系统中，用户上行数据传输需要发送调度请求，基站才能分配相应的调度资源，从而具有一定的时延，Rel-15 标准中加入免调度配置，加快了用户数据传输，降低了传输时延。Rel-16 标准对 URLLC 进一步增强，解决了 Rel-15 标准中每个带宽部分（Bandwidth Part，BWP）仅能激活一个免调度配置的问题，Rel-16 标准支持一个 BWP 激活多个免调度配置，从而可以实现灵活的免调度配置，满足不同业务类型对于时延的不同需求。另外，面向 5G 工业互联网，Rel-16 标准还进一步讨论和制定了支持时间敏感网络上的确定性业务方案。确定性业务是具有周期性、确定性和数据大小固定等特点的业务类型，同时也要满足低时延和高可靠性的传输要求。为了支持 TSN 确定性业务，Rel-16 标准引入了 TSN 辅助信息，让 TSN 网络从核心网获得该业务的周期、数据大小等信息，基站可以利用这些信息为 TSN 业务预备半静态的配置及匹配的通信资源，这样数据包到达时就不需要再次进行资源的调度请求，从而降低了等待资源的时间。为了支持工业互联网的多种业务需求，匹配不同业务的发送时间规律，Rel-16 标准支持为用户侧的一个 BWP 配置多个半持续调度（Semi-Persistent Scheduling，SPS）。Rel-16 标准引入高精度的参考时间发送机制，利用广播消息或无线资源控制层（Radio Resource Control，RRC）发送消息，时间的颗粒度从 10 ms 降低到 10 ns，从而提升了时间同步的精度。

5G URLLC 不仅满足低时延，高可靠性也是 NR 网络又一新的优势。在控制信道方面，Rel-15 阶段 3GPP 定义的 URLLC 业务的可靠性需求是在用户侧时延为 1ms，且在物理下行链路控制信道（Physical Downlink Control Channel，PDCCH），一个数据包一次传输 32 B 的准确率不低于 99.999%。在传输数据方面，Rel-15 标准中引入小负载的下行控制信息（Downlink Control Information，DCI）设计，可以提高聚合等级（Aggregation Level），相比传统的聚合等级，利用新技术进行 PDCCH 检测时，PDCCH 的盲检次数进一步减少。DCI 的控制信令包括一种低编码率的调制与编码策略（Modulation and Coding Scheme，MCS），通过去掉高码率配置、添加低码率配置来提高可靠性。在发射机侧和接收机侧配置多根天线，支持单用户单流传输模式，使无线链路的分集阶数最大化，从而提高可靠性。通过支持多发送/接收点（Multi-Transmit Receive Point，Multi-TRP）传输机制，即两个或多个不同的 TRP 向用户发送相同的数据分组或控制分组，实现空间分集增益，从而提高可靠性。

为了进一步满足某些业务更为严格的可靠性要求，即 1ms 单向时延下 99.9999%的可靠性要求，Rel-16 标准还提出了增强方案。为了支持分组数据汇聚协议（Packet Data Convergence Protocol，PDCP）复制增强机制，在 Rel-15 标准支持两条支路 PDCP 复制的基础上，Rel-16 标准支持最多四条支路的 PDCP 复制，即由基站通过无线资源控制（Radio Resource Control，RRC）进行多套初始配置，然后由基站根据业务的发送性能情况和无线资源的信道质量情况进行灵活的激活/去激活操作。

作为 5G 中最新演进实施的一项技术，URLLC 从理论到实现主要考虑三方面的工作：首先与云网融合技术相辅相成，充分发挥云网融合的优势，在网络架构上尽量减少传输链路，最优化传输路径，如在用户侧分层部署边缘计算设备，让应用尽可能地靠近用户；再从时延和可靠性占比最大的环节入手，提升这些关键环节的性能，如上述 3GPP 在 NR 中提出的灵活帧结构、短时隙调度、低码率调制、控制信道可靠性增强等技术；最后要在网络运营上下功夫，通过智能调度来选择合适的接入方式、资源分配和最佳路由，实现各环节技术创新的有机融合，最终满足 URLLC 的各类应用场景。

7.3 网络安全

7.3.1 网络信息安全的必要性

网络信息安全主要涉及信息的安全和网络系统本身的安全。在算力网络中，存在各种基础资源设施随时存储和传输大量数据，这些设施可能遭到攻击和破坏，在存储和传输过程中数据可能被盗用、暴露或篡改。另外，网络本身可能存在某些不完善之处，网络软件也有可能遭受恶意程序的攻击而使整个网络陷于瘫痪，同时网络实体还要经受诸如水灾、火灾、地震、电磁辐射等方面的考验，以及在对整个算力网络系统的安全管理中，也会由于资源使用权限及系统访问权限管理方面的原因产生一些安全漏洞。因此，算力网络中的信息安全管理是确保用户可靠使用算力资源的关键。本节主要从安全策略和安全技术方面对算力网络中的信息安全进行描述。

7.3.2 网络信息安全防护体系

网络信息安全防护体系涵盖基础设施安全、网络安全、系统安全、应用安全及安全管理等方面的安全保障，对整个算力网络而言，可以认为自下而上包括了物理设施、软件系统、网络架构、系统平台及应用服务等各个模块，只有针对每个模块进行特定安全防护，并结合一定的安全管理措施，才能确保整个算力网络的安全可靠。

（1）物理安全防护：其涉及的是硬件设施的安全问题，物理安全防护保证计算及与网络设备硬件自身安全和信息系统相关硬件的安全稳定运行。虽然物理安全在信息安全控制中相对简单，但其往往是内部人员恶意入侵的攻击链中很重要的起始环节，是内部安全控制中不可或缺的重要内容。与业务系统相关的硬件服务器及网络、安全设备必须存放于专用的物理机房中进行管理，以确保这些设备处于特定的物理安全防护措施的保护之下。

（2）系统安全加固：在算力网络的 IaaS 层面，包括主机操作系统、云操作系统、数据库管理系统、网络操作系统等多种软件系统，它们是整个算力网络平台运行的基础保证，需要对它们进行安全配置加固，以解决由于系统漏洞或不安全配置所引入的安全隐患。例如，关闭系统中存在漏洞的服务，对系统的管理用安全的服务 SSH、HTTPS 替代不安全的 Telnet、HTTP，开启系统重要资源的访问审核策略。

（3）网络访问控制：在网络层部署访问控制策略，以限制对特定区域不安全的访问行为。例如，数据中心内的算力资源定向提供区域，区域内的算力资源只能允许某区域特定的用户访问等。网络访问控制决定谁能够访问安全域或应用系统、能访问安全域或应用系统的何种算力资源，以及如何访问这些算力资源，合适的网络访问控制策略能够阻止未经许可的用户有意或无意地获取敏感信息。典型的网络访问控制实现形式包括防火墙、虚拟防火墙和 VLAN 间访问控制等。

（4）应用安全防护：应用层面的安全防护可包括内容安全防护及病毒程序防护。其中，内容安全防护是对恶意代码及垃圾邮件等通过正常协议传输的恶意信息的过滤、拦截，内容安全的实现可采用在网络边界部署统一威胁管理、入侵防护系统、防火墙等边界安全设备对恶意行为进行过滤拦截的方式，也可采用在桌面终端部署相应的内容安全控制软件的措施。病毒程序防护包括对防病毒服务器的定期更新及实时重大更新，配置日志功能以对病毒感染情况进行监控，采用增量升级模式并在非业务高峰期分发特征代码，对病毒可能的入侵途径（如光盘、可移动存储、网络接口等）进行严格控制，在网络性能允许的条件下在互联网边界部署防病毒网关或相应的病毒过滤措施等。

（5）安全管理：这里将机房的人员进出、设备的授权移动，以及系统的访问审计等制度方面的管理行为都归为安全管理的范畴。例如，在机房出入口设置登记制度，对不同的内部人员设置不同的门禁权限，允许其进入机房的特定区域，并进行出入记录，从而限制其对特定物理设备的本地操作；部署日志审计系统，对人员的系统访问行为进行记录，并进行异常告警等。

7.3.3 安全技术

1. 云安全技术

云安全通过网状的大量终端设备对网络中的异常行为进行监测，获取互联网中病毒和木马等恶意程序的最新信息，推送到服务器端进行自动分析和处理，服务器再把病毒和木马的解决方案分发到每一个终端。在算力网络中，未来的终端形态多种多样，可能是个人 PC、家电，也可能是移动的手机、汽车等设备，所有的终端设备中都需要配备安全防护软件，提供安全信息上报功能。云安全的策略构想是：使用者越多，每个使用者就越安全，因为如此庞大的用户群体，足以覆盖互联网的每个角落，只要某个网站被挂马或有某个新木马病毒出现，就会被立刻截获。

云安全的核心思想是建立一个分布式统计和学习平台，以大规模用户的协同计算来防护网络中的病毒及木马程序。首先，终端设备将本地发现的异常行为发送给云安全平台，云安全平台为每一台终端设备发送的每一个异常行为计算出一个唯一的特征信息，通过比对特征信息可以统计相似的异常行为副本数，当副本数达到一定的数量，就可以判定是病毒还是木马等恶意程序；其次，由于互联网上多台计算机比一台计算机掌握的信息更多，因此可以采用分布式贝叶斯学习算法，在成百上千的终端设备上实现协同学习过程，收集、分析并共享最新的信息。云安全技术体现了一种网格思想，每个加入系统的终端设备既是服务的对象，也是完成分布式统计功能的一个信息点。随着终端设备规模的不断扩大，云安全平台对于恶意程序识别的准确性也会随之提高，用大规模统计方法来防范恶意程序比用人工智能的方法更成熟，不容易出现误判等情况，实用性很强。云安全平台利用分布在互联网中的千百万台终端设备的协同工作，来构建一道安全防护的“大坝”。云安全平台的工作示意图如图 7-9 所示。

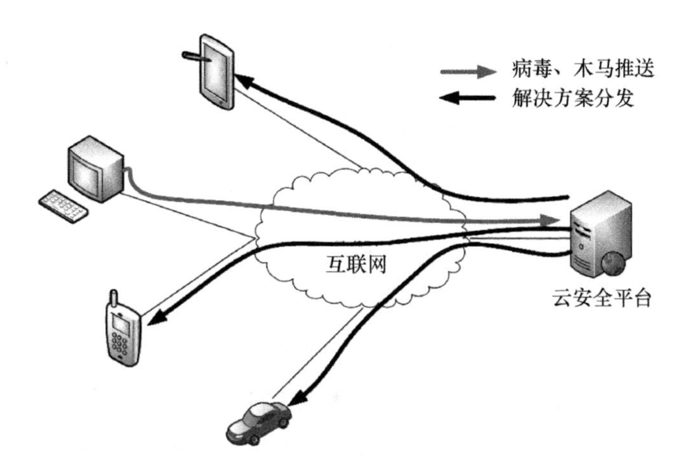

图 7-9 云安全平台的工作示意图

2. 主动防护技术——VLAN 与 VPN

VLAN（虚拟局域网）与 VPN（虚拟专用网）是传统的主动防护技术，简单来说，前者可以从逻辑上把用户划分到一个局域网中，后者则是建立一个逻辑的专用通道，两者的共同思想都是把通信限制在可控的范围之内，从而达到防护的目的。

VLAN 把网络上的用户划分为若干个逻辑工作组，每个逻辑工作组就是一个 VLAN，可以灵活地划分 VLAN，增加或删除 VLAN 成员，或者把一个 VLAN 的成员变更到另一个 VLAN 中。当用户移动时无须修改他们的 IP 地址，在更改用户所加入的 VLAN 时，也不必重新改变设备的物理连接。在算力网络中，可以将在特定区域内的相同类型算力资源提供者分组，并划分到特定的 VLAN 中，对于 VLAN 外的设备进行安全访问限制。当所需要划分的分组数量急剧上升时，可以引入 VxLAN 技术来对 VLAN 的数量进行扩展。

VPN 采用加密和认证技术，利用公共通信网络设施的一部分来发送专用信息，为相互通信的节点建立起一个相对封闭的、逻辑的专用网络，通过物理网络的划分，控制网络流量的流向，使其不要流向非法用户，以达到防范目的。在算力网络中，可为特定的用户提供专用的加密通道，确保其安全使用算力资源。此外，算力网络各个模块间通道也可以通过 VPN 的方式来实现，从而保证算力网络平台的安全。

3. 被动防护——入侵检测技术

入侵检测技术属于被动防护，其可以发现入侵算力网络平台的异常行为，目前对入侵的定义已大大扩展，不仅包括被发起攻击的人（如恶意的黑客）所取得的超出合法范围的系统控制权，也包括收集漏洞信息，造成拒绝服务（DoS）等对计算机系统造成危害的行为。入侵检测技术是通过从计算机网络和系统的若干关键点收集信息并对其进行分析，从中发现网络或系统中是否有违反安全策略的行为或遭到入侵的迹象，并依据既定的策略采取一定措施的技术，包括信息收集、信息分析和信息响应三个方面。

入侵检测能使系统对入侵事件和过程做出实时响应。当对算力资源进行使用时，如果一个入侵行为能够迅速地被检测出来，则可以在任何破坏或数据泄密发生之前将入侵者识别出来并驱逐出去。入侵的行为越早被检测出来，入侵造成的破坏程度就会越低，并且能越快地恢复工作。

入侵检测是对防火墙的合理补充。对算力网络内的访问行为进行入侵检测能够收集有关入侵技术的信息，这些信息可以用来加强防御措施。

入侵检测是系统动态安全的核心技术之一。鉴于静态安全防御不能提供足够的安全，所以对于庞大的算力网络来说，必须根据发现的情况进行实时调整，在动态中保持安全状态。根据在算力网络中发现的异常行为，动态地对网络路径和处理策略进行调整，以达到安全状态。当告警解决后，再动态地恢复到最初的状态。

总体上说，在技术层面，入侵检测分为两类：一类基于标志；另一类基于异常情况。对于基于标志的检测技术来说，首先要定义违背安全策略的事件特征，如网络报文的头部信息，检测主要用来判别这类特征是否出现；而基于异常情况的检测技术是先定义一组系统“正常”情况的数值，如 CPU 的利用率、内存的利用率、文件校验和等，然后将系统运行时的数值与所定义的“正常”情况比较，得出是否有被攻击的迹象。两者的区别在于，前者基于特征库工作，对已知的攻击可以详细地报告，对未知的攻击却效果有限，且特征库需要不断更新；后者则无法准确判别出攻击的手法，但可以判别出更广泛甚至未发觉的攻击。

7.3.4 鉴权及管理系统

在算力网络中，需要对系统的管理权限和算力资源的使用权限进行合理的安全管理，以确保系统的安全运行及算力资源的合法使用。

由于算力网络正处于发展阶段，系统功能不断更新迭代，为使算力网络中的系统功能开发与权限分配功能互不影响，这里使用权限管理基础设施（Privilege Management Infrastructure，PMI）来对算力网络中的权限分配进行管理。

PMI 能够将访问控制机制从具体系统的使用中分离出来，使访问控制机制与系统之间能够灵活而方便地结合使用，从而可以提供与实际处理模式相应的、与具体系统运行无关的授权和权限管理模式。PMI 体系是计算机软硬件、权限管理机构及应用系统的结合，它为访问控制应用提供权限和角色服务。PMI 使用一种类似于用户“电子签证”的属性证书，其可以通过属性证书作为识别用户权限和资质的依据，并通过管理证书的生命周期实现对权限生命周期的管理。属性证书的申请、签发、发布、注销、验证过程对应着传统的权限申请、产生、存储、撤销和使用过程。使用属性证书进行权限管理，使得权限管理和具体的应用分离，同一种权限可以在多个受信任的应用中使用，利于支持分布式环境下的更为安全的访问控制应用，如图 7-10 所示。

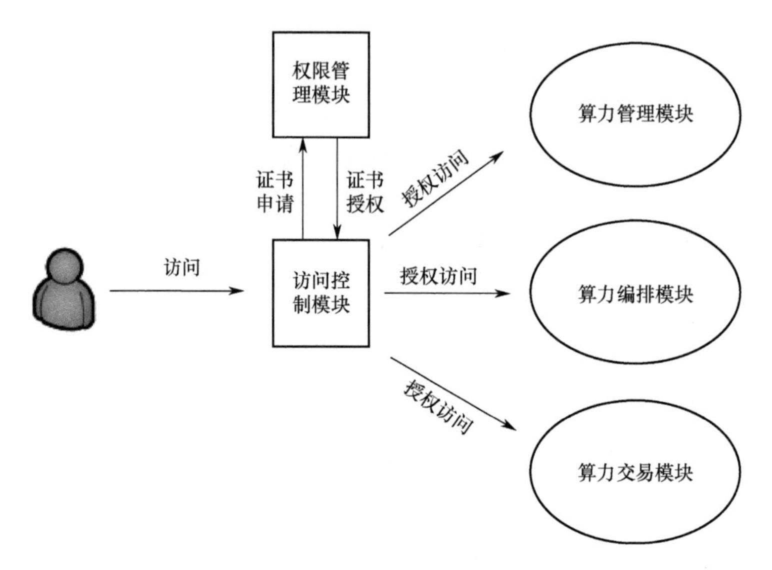

图 7-10　分布式安全访问控制示意图

7.4　网络 AI 与智能运维

7.4.1　自动驾驶网络技术

未来的驾驶网络将是极简的智能化网络，也就是自动驾驶网络。通过网络的自动化、人工智能及数字孪生等技术，使能网络架构极简和智能运维，实现更好性能、更高效率和敏捷商业。同样，算力网络可从两个方面来看：一方面是网络架构的极简，网络的每一个部分都要尽可能做到简化，包括算力网络的资源管理，云、边、端之间的网络，这是使能算力网络智能化的基础；另一方面是网络运维的智能化，不但实现单个节点的域内自治，而且要兼顾跨边缘节点，与云中心、端侧的智能协同。实现基于算力网络的自动驾驶将是一个长期的过程。图 7-11 所示为参考华为提出的 5 级自动驾驶网络理念及标准，可将自动驾驶网络分为 L0～L5 级。

L0 手工运维：具备辅助监控能力，所有动态任务都依赖人执行。

L1 辅助运维：系统基于已知规则重复性地执行某一个子任务，提高重复性工作的执行效率。

L2 部分自治网络：系统可基于确定的外部环境，对特定单元实现闭环运维，降低对人员经验和技能的要求。

L3 条件自治网络：在 L2 的能力基础上，系统可以实时感知环境变化，在特定领域内基于外部环境动态优化调整，实现基于意图的闭环管理。

L4 高度自治网络：在 L3 的能力基础上，系统能够在更复杂的跨域环境中，面向业务和客户体验驱动网络的预测性或主动性闭环管理，早于客户投诉解决问题，减小业务中断和对客户的影响，从而大幅度提升客户的满意度。

L5 全自治网络：这是电信网络发展的终极目标，系统具备跨多业务、跨领域的全生命周期的闭环自动化能力，真正实现无人驾驶。

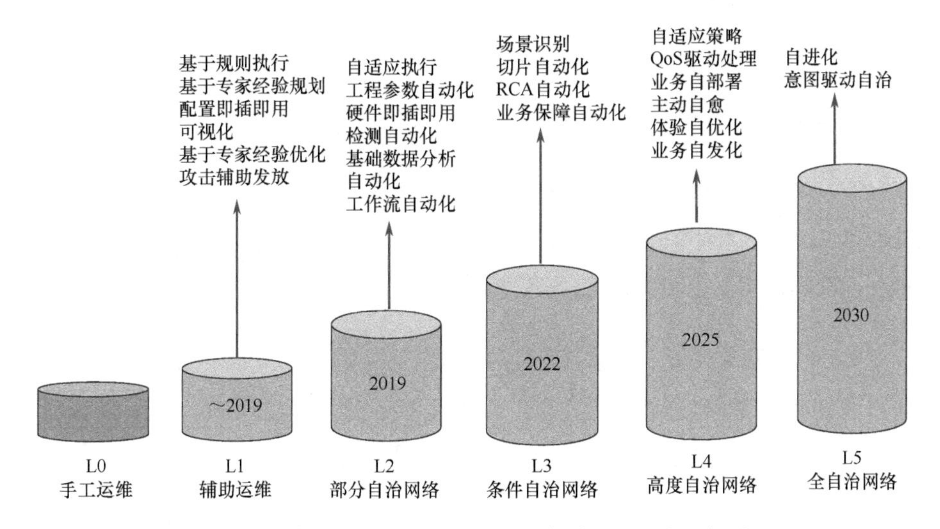

图 7-11 参考华为提出的 5 级自动驾驶网络理念及标准

7.4.2 智能运维技术

智能运维（AIOps，Algorithmic IT Operations）的原意是算法 IT 运维。

而在 AI 发展最热的几年里，它又被赋予了新的意义——“Artificial Intelligence for IT Operations”，也就是人工智能 IT 运维。Gartner 对 AIOps 的定义是：“AIOps 平台利用大数据、现代机器学习和其他高级分析技术，以主动、个性化和动态的见解直接或间接地增强 IT 操作（如监视、自动化部署和服务平台）的功能。AIOps 平台允许并发使用多个数据源、数据收集方法、分析（实时和深度）及表示技术。”

现阶段，运营商的互联网运维能力已得到较大提升，完成了从传统手工运维向自动化运维的转变，但相较于全球技术领先企业，运营商仍处于智能运维的起步时期，主要体现在以下 3 个方面：

（1）网络运维智能化程度不够，效率有待进一步提高。当前自动化运维手段存在运维体系建立不完整、运维经验有限、经验固化、过程失真和算法不合理等问题。

（2）业务运营粒度粗放，不够精细化。当前对单个或某类场景的业务运维研究不足，业务精细化运维程度不够。

（3）运维灵活性待提升，新业务应用场景适应性差。当前互联网网络架构和运维手段固化、灵活性不足，无法根据业务发展进行动态实时适应，以及无法满足多样化的场景需求。

5G 时代到来，运营商具有互联网的全部数据流量，同时能获取用户位置、性别和消费偏好等精准信息，为人工智能提供了大数据支持。因此对确保业务安全、顺畅的运维工作也提出了新的要求。

（1）切片管理。5G 引入“切片”概念。在 5G 网络里，不仅承载着传统的通话、上网类业务，还增加了 VR/AR、智慧城市、工业互联网、无人驾驶、应急安全等许多全新的应用场景，为了更好地对这些应用进行分门别类地服务，ITU 从 eMBB（增强型移动宽带）、mMTC（海量机器类通信）、URLLC（超可靠、低时延通信）三大应用场景上做出了一定规划。运维人员需要对切片的整个生命周期进行管理，如设计、部署、保障等，从而为用户提供定制的切片服务。

（2）高密度小型基站。与以往不同，5G 网络不再使用大型基站的布建架构，而是使用高密度小型基站，这样更有利于让电信运营商能以最具成本效益的方式弹性组网，从而提高网络密度与覆盖范围。由于使用了新技术特性，基站复杂度大幅度提升，维护成本和维护难度也随之增大。针对这一点，如何高效地进行日常维护，以及故障处理，成为运营商控制成本的关键。

（3）软硬件解耦。在 5G 时代，SDN/NFV 技术使得软硬件解耦，运营商不再局限于采用某一个厂家的专用设备来进行部署，可以使用通用的 X86 服务器代替专用设备，使得运维的可操作空间大大增加，运维人员可以将精力更多地放在对于统一架构的维护上，而不需要花费大量资源对部分设备进行单独处理。面对种类繁多的软件、虚拟机和网元，如何有效地保障其正常运行是 5G 环境下的一个新挑战。

5G 时代，运维最需要突破的思想便是从传统的 CT 向 IT 靠拢，IT 进入各行各业已是大势所趋，利用 IT 技术可以解决很多过去依靠人工重复劳动才能处理的问题，缩短时间的同时降低了成本。现如今运营商也开始加大自研力度，自主开发运维工具，因此更应向 IT 行业学习，如将 DevOps 应用于运营商的运营维护工作之中。如今，运营商运维工作的一个痛点就是业务上线时间太长，传统网络的业务上线流程，从通过 ITU 标准，到厂家测试，再到工信部测试入网，最后进行网元测试部署，整个过程可能需要长达 8 个月的时间，并且通信网中存在不同厂家的网元，而不同厂家之间的开发能力、测试能力也不尽相同，因此很容易影响运营商的业务。这样的复杂度决定了运营商业务的上线难度将和 IT 企业完全不同，而由于 5G 带来的硬件架构改变，即软硬件解耦，使用 X86 通用硬件让运营商的自研、自维有了更大的空间。因此，将 DevOps 的理念应用于运营商的自主开发运维中，可以有效提升产品质量，缩短开发周期。

过去，由于厂商之间设备的独立性，各种维护、监控操作都必须为不同的厂商进行单独配套。而在 5G 时代，设备数量成倍增加，过去的方式难以承受如此大的运维压力，因此，需要一个将各厂商的设备统一起来的平台，从而方便运营商进行统一管理。

（4）基于数字孪生的智能运维。数字孪生就是将物理对象以数字化的方式在虚拟空间呈现，模拟其在现实环境中的行为特征，从而实现对物理实体的了解、分析和优化。数字孪生包含五大典型特征：数据驱动、模型支撑、软件定义、精准映射、智能决策。①数据驱动：数字孪生的本质是在比特的汪洋中重构原子的运行轨道，以数据的流动实现物理世界的资源优化。②模型支撑：数字孪生的核心是面向物理实体和逻辑对象建立机理模型或数据驱动模型，形成物理空间在赛博空间的虚实交互。③软件定义：数字孪生的关键是将模型代码化、标准化，以软件的形式动态模拟或检测物理空间的真实状态、行为和规则。④精准映射：通过感知、建模、软件等技术，实现物理空间在赛博空间的全面呈现、精准表达和动态检测。⑤智能决策：未来数字孪生将融合人工智能等技术，实现物理空间和赛博空间的虚实互动、辅助决策和持续优化。数字孪生已经用于智能工厂、车联网、智慧城市、智慧建筑、智慧医疗等多个场景中。达索、PTC、波音公司运用数字孪生技术打造产品数字孪生体，在赛博空间进行体系化仿真，实现反馈式设计、迭代式创新和持续性优化。目前，在汽车、轮船、航空航天、精密装备制造等领域已展开原型设计、工艺设计、工程设计、数字样机等形式的数字化设计实践。图 7-12 展现了现有智能运维示意图。

数字孪生网络即构造数字化虚拟空间，使 IT 网络中的每一个物理设备都有一个对应的孪生体。通过数字孪生可以真实反映实际网络的运行情况，且通过大数据、机器学习等技术提前分析和预测可能出现的问题，有效减少网络故障。

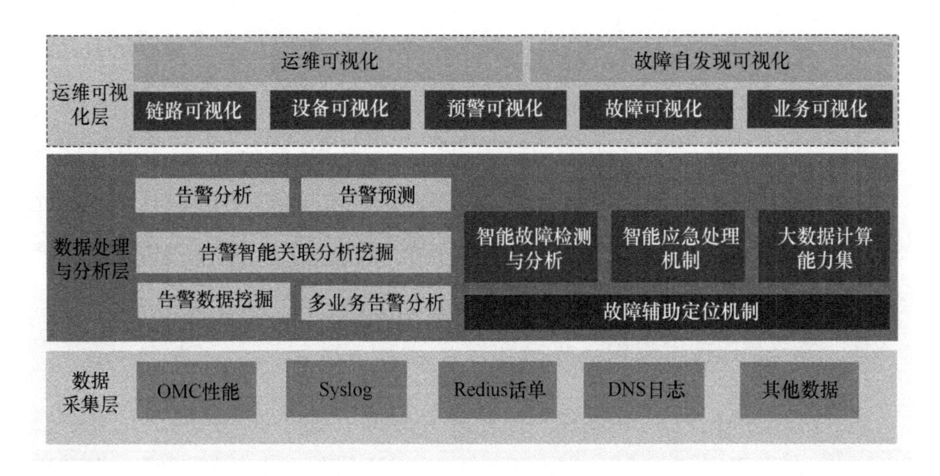

图 7-12　现有智能运维示意图

7.5　IT 支撑技术

7.5.1　多云管理

随着云计算模式的日渐成熟，作为私有云和公有云的混合形态，混合云迎来了爆发期。当前国内的混合云需求中，并不是呈现为简单的“私有云+公有云”形态，而更多体现为“私有云+”——在私有云的基础上，借助公有云的能力形成混合云。一些企业为了应对全球布局、业务系统及数据的灾备、短时的云爆发、性能和安全等方面的挑战，积极投入建设混合云。

在混合云的建设过程中，多云管理能力成为关键，这也就要求企业或第三方机构建设大型的多云管理平台。多云管理平台（Cloud Management Platform，CMP）是提供对公有云、私有云和混合云统一集成管理的产品。多云管理的主要能力包含混合云、多云环境的统一管理和调度，提供系统映像、计量计费及通过既定策略优化工作负载。更先进的产品还可以与外部企业管理系统集成，包括服务目录、支持存储和网络资源的配置、允许通过服务治理加强资源管理。有别于混合云，多云更强调“多”，即多个公有云或私有云（而非公有云+私有云）系统的统一管理。多云管理平台既需要能很好地利用单个云的优势、某个云特有的云服务，又需要能很好地避免厂商绑架、把鸡蛋放在不同的篮子里，还能够根据业务、技术及性能等需求动态调整多云部署的策略。根据行业报告显示，目前 81%的调查企业采用多云，其中 21%采用多个公有云，10%采用多个私有云（异地、多虚拟化、资源异构等），而混合云的比例高达 50%。

1. 多云管理技术架构

目前行业中比较通用的多云管理技术架构，支持多个私有云、公有云和用户私有云等多云接入，实现基于多云纳管基础之上的资源统一管理和监控。在资源统一管理和监控的基础上提供运营管理、运维管理和系统管理等功能，并且为上层用户提供统一的门户。其大致的架构图如图 7-13 所示。

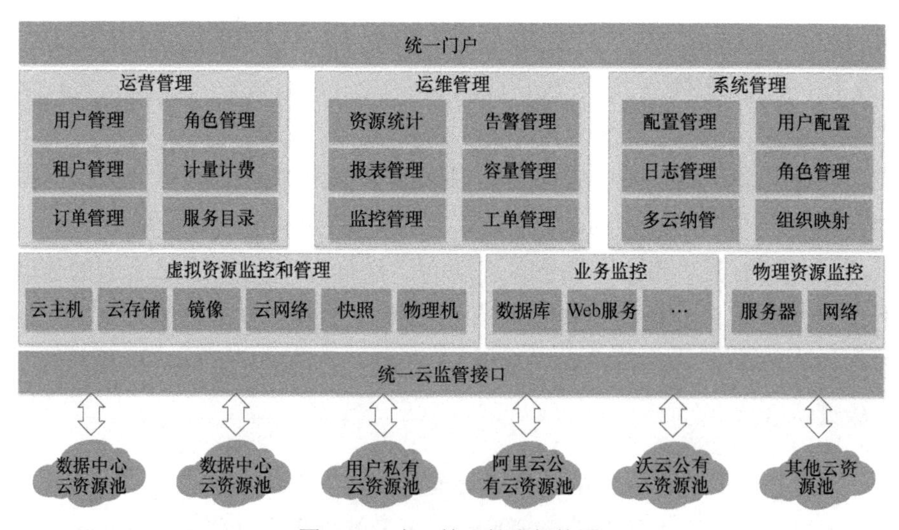

图 7-13　多云管理技术架构图

依据上述架构图，其主要的功能模块包括如下几个部分。

1）统一云监管接口

该模块主要负责面向不同的公有云资源池、行业云资源池及私有云资源池提供统一的资源接入口，从而可以屏蔽掉底层云资源池的差异化，实现资源的统一管理。

2）虚拟资源监控和管理

该模块主要负责底层资源的虚机资源的统一管理。

3）业务监控

该模块主要基于底层资源部署和运行的相关 PaaS 平台及 SaaS 服务等，对数据库、Web 服务等业务应用进行监控，并且对其进行全生命周期管理。

4）物理资源监控

该模块主要负责底层物理设备和网络设备的资源管理，以及服务器和交换机等物理设备的正常运行和告警等功能。

5）运营管理

该模块主要面向用户提供包括用户管理、角色管理、订单管理等在内的全流程业务管理。

6）运维管理

该模块主要提供日常平台和业务运行过程中的运维功能，为用户提供包括资源统计、告警管理、报表管理等在内的业务日常维护管理功能。

7）系统管理

该模块主要提供包括多云管理平台内部相关参数配置和用户权限等在内的针对系统本身的一整套管理功能。

8）统一门户

该模块面向用户提供统一的业务接触入口，以及为用户提供自服务的业务操作接口。

目前传统的 IT 企业在支撑业务上云，以及业务做迁移、容灾备份、异地存活等方面，不论是从建设成本考虑，还是从运维效率考虑，都是按在自身信息化建设过程中只满足业务总量的 80%来规划和建设整体信息化业务平台的，而在后期的峰值扩容及容灾备份等方面，都会考虑采用多云管理方式来解决算力不足等问题，实现灵活扩容算力、满足容灾备份等业务场景的需求。这不仅仅能够大大减少建设和运维成本，而且能够实现跨数据中心的云资源调度，因此多云管理是目前企业信息化建设过程中普遍采用的技术。

算力网络需要基于新型的网络连接能力，将多个数据中心的云资源池进行横向拉通，实现算力资源的共建共享和均衡调度。从底层异构云资源池的角度来看，不同数据中心的云资源池能够通过统一的接口接入多云管理平台。同时，从算力网络业务场景来看，多云管理平台能够无差别地提供统一的资源管理、业务能力和运行维护等功能，从而可以屏蔽掉底层云资源池的差异性，大大降低了用户的建设成本和运行维护成本，因此也是目前算力网络异构云资源池统一管理的主流建设方案。

2. 多云管理平台的发展趋势

自 Gartner 首次提出 CMP 概念至今，采用统一云业务管理平台主要是为了解决以下四个方面的问题：

（1）消除混合云之间的异构性，可对业务资源进行统一无差异化管理，简化运维操作，降低成本。

（2）面向不同云，不同权限用户用统一的门户登录操作，提高效率。

（3）具有对多云数据进行统计分析的能力，提升企业把控繁杂业务需求的能力。

（4）避免服务商锁定，实现资源和业务的灵活流通。

基于上述问题，目前多云管理发展路径主要分为三个阶段，如图 7-14 所示，同时需要提升资源、业务、运营与扩展四个层面的能力。

图 7-14 多云管理发展路径

（1）资源层面：实现无缝管理。在异构云的资源管理平台中，不同的云资源池能够实现资源分区的简单调度和统一管理。

（2）业务层面：实现统一管理。资源和账号的开通，资源控制、监控和预警都能够在异构云的资源管理平台中实现统一无差异化管理。

（3）运营层面：实现分级管理。总中心进行总体管理，分中心进行资源分配、资源管理和机构管理。

（4）扩展层面：实现接口管理。虚拟资源和业务资源管控可通过接口管理 API 来实现。

未来，在解决企业上云和业务迁移的过程中，多云管理方案将会进一步屏蔽底层异构云资源池的差异性，实现业务的无缝迁移和无差异的动态调度，同时随着云原生技术的兴起，现有的多云管理技术不仅仅能够实现对于虚拟资源的统一管理，而且能够实现对于虚机和容器的统一编排调度，并且能够进一步屏蔽底层异构资源的差异性，提供无服务（Serverless）模式业务访问能力，从而使用户更多地关注业务代码和业务流程的开发，而不需要关心底层资源的调度和分配，从而进一步提高业务部署和运行的效率。

7.5.2 集群联邦

1. 技术概念

随着云原生技术的不断普及，以 Kubernetes 为代表的容器编排调度平台已经成为业界普遍采用的集群编排调度方式。集群联邦（Federation）是实现单一集群统一管理多个 Kubernetes 集群的机制。这些集群可以是跨地域的、跨云厂商的或是用户内部自建的。一旦集群建立联邦后，可以通过集群 Federation API 来管理多个集群的 Kubernetes API 资源。

由于 Kubernetes 在管理容器云集群的过程中自身的容量等问题，无法实现对超大规模的集群统一管理，同时在实现跨地域、跨数据中心的多集群调度方面，单一的 Kubernetes 集群无法实现，因此自 Kubernetes 1.13 版本开始引入集群联邦的概念，其目的是解决以下问题：

（1）简化管理多个联邦集群的 Kubernetes API 资源。

（2）在多个集群之间分散工作负载（容器），以提升应用（服务）的可靠性。

（3）在不同集群中，能够更快速、更容易地迁移应用（服务）。

（4）跨集群的服务发现，服务可以就近访问，以降低延迟。

（5）实现多云（Multi-Cloud）或混合云（Hybird Cloud）的部署。

由于集群 Federation V1 版本方案设计方面的问题，导致其可扩展性比较差，已经逐渐被废弃。目前通常使用的是 Federation V2 版本。

2. 架构与核心组件

Federation V2 是 Kubernetes SIG Multi-Cluster 团队新提出的集群联邦架构（Architecture Doc 与 Brainstorming Doc），新架构在原有架构的基础上，简化扩展了 Federated API 过程，并加强了跨集群服务发现与编排等功能。

新版本的 Federation 在原有版本的基础上移除了 federation-apiserver 组件，通过 CRD 机制来完成 federated resource 的扩充，kubefed-controller 组件通过监听 CRD 的变化来完成联邦资源的同步和调度等功能。Federation 技术架构如图 7-15 所示。

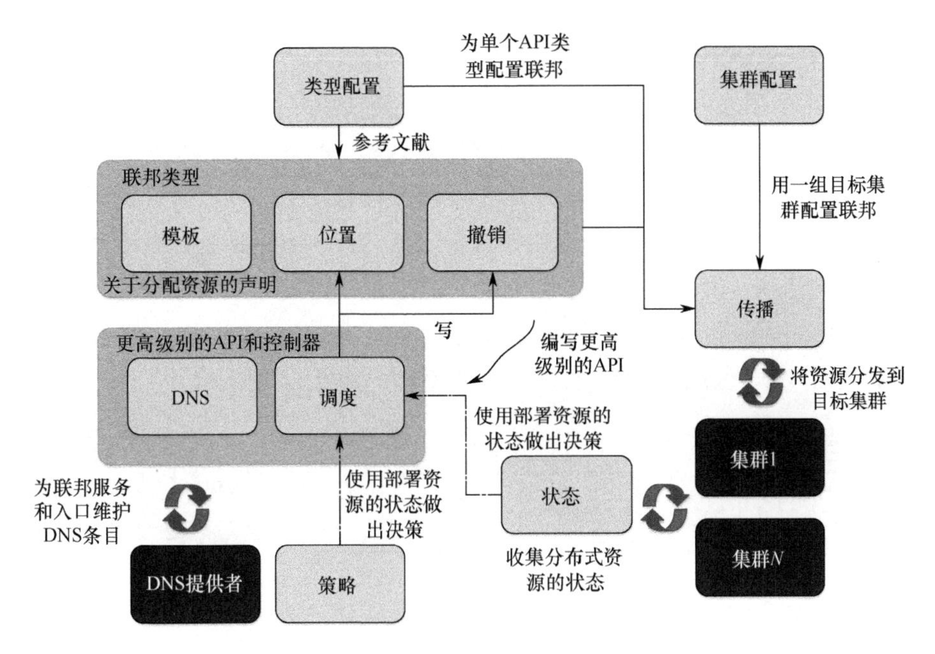

图 7-15　Federation 技术架构图

基于图 7-15 所示的架构，Federation 主要包括如下几个核心概念：

（1）类型配置（Type configuration）。具体管理资源的类型主要包括以下几种。

① 模板（Templates）：资源通用部分。

② 位置（Placement）：资源部署的指定集群。

③ 撤销（Overrides）：修改单个集群单个字段级别的内容。

（2）集群配置（Cluster configuration）：将资源分配到联邦集群的机制。

（3）状态（Status）：负责收集所有联邦集群中的资源状态。

（4）策略（Policy）：决定分配到具体的哪个集群。

（5）调度（Scheduling）：决定工作负载如何调度的决策。

7.5.3 Prometheus 统一监控

Prometheus 是由前 Google 工程师从 2012 年开始在 Soundcloud 以开源软件的形式进行研发的系统监控和告警工具包，自此以后，许多公司和组织都采用了 Prometheus 作为监控告警工具。Prometheus 的开发者和用户社区非常活跃，其现在是一个独立的开源项目，可以独立于任何公司进行维护。Prometheus 于 2016 年 5 月加入 CNCF 基金会，成为继 Kubernetes 之后的第二个 CNCF 托管项目。其技术架构如图 7-16 所示。

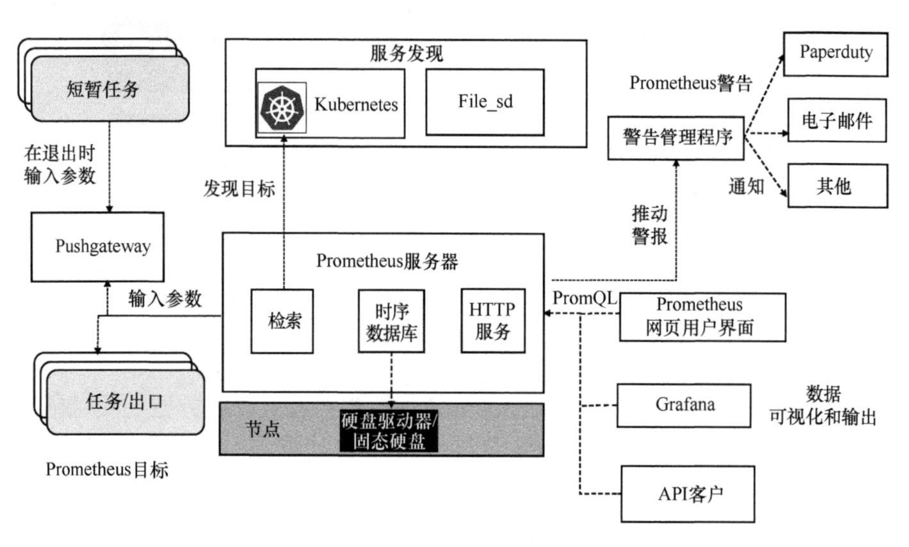

图 7-16 Prometheus 技术架构

Prometheus 的主要优势如下：

（1）由指标名称和键/值对标签标识的时间序列数据组成的多维模型。

（2）强大的查询语言 PromQL。

（3）不依赖分布式存储，单个服务节点具有自治能力。

（4）时间序列数据由服务端通过 HTTP 协议来获取。

（5）也可以通过中间网关来推送时间序列数据。

（6）可以通过静态配置文件或服务发现并获取监控目标。

（7）支持多种类型的图表和仪表盘。

Prometheus Server 可以直接从监控目标或者间接通过推送网关来抓取监控指标，在本地存储所有抓取到的样本数据，并对此数据执行一系列规则，以汇总和记录现有数据的新时间序列或生成告警，并通过 Grafana 或其他工具来实现监控数据的可视化。

Prometheus 适用于记录文本格式的时间序列，其既适用于以机器为中心的监控，也适用于高度动态的面向服务架构的监控。在微服务的世界中，其对多维数据收集和查询的支持有特殊优势。Prometheus 是专为提高系统可靠性而设计的，它可以在断电期间快速诊断问题，每个 Prometheus Server 都是相互独立的，不依赖于网络存储或其他远程服务。当基础架构出现故障时，用户可以通过 Prometheus 快速定位故障点，而且不会消耗大量的基础架构资源。

本章参考文献

[1] ZHANG J, ZHU B, YAN X, et al. A novel multi-granularity two-layer SDM ROADM architecture[J]. Optics Communications, 2020, 479.

[2] WANG R, WANG Q, KANELLOS G T, et al. End-to-end quantum secured inter-domain 5G service orchestration over dynamically switched flex-grid optical networks enabled by a q-ROADM[J]. Journal of Lightwave Technology, 2020, 38（1）:139-149.

[3] LI G S, NABIEV R F, YUEN W, et al. Electrically-pumped directly-modulated tunable VCSEL for metro DWDM applications[C]. European Conference on Optical Communication. IEEE, 2001.

[4] FILER M, CANTONO M, FERRARI A, et al. Multi-vendor experimental validation of an open source QoT estimator for optical networks[J]. Journal of Lightwave Technology, 2018:1-1.

[5] ZERVAS G S, SIMEONIDOU D. Cognitive optical networks: Need, requirements and Architecture [C]. International Conference on Transparent Optical Networks. IEEE, 2010.

[6] MIGUEL I D, DURAN R J, Tamara Jiménez, et al. Cognitive dynamic optical networks [Invited][C]. Optical fiber communication conference/national fiber optic engineers conference. IEEE, 2013:A107-A118.

[7] 柴丽. 5G URLLC 标准化关键技术分析[J]. 移动通信，2020, v.44; No.480（02）: 34-38.

[8] 张铁，夏亮，徐晓东，等. 3GPP 中 URLLC 标准研究进展[J]. 移动通信，2020, v.44; No.480（02）: 6-11.

[9] JALALI A, DING Z. Joint detection and decoding of polar coded 5G control channels[J]. IEEE transactions on wireless communications, 2020, PP（99）:1-1.

[10] XU Y, CHIN K W, RAAD R, et al. A novel distributed max-weight link scheduler for multi-transmit/receive wireless mesh networks[J]. IEEE transactions on vehicular technology, 2016, 65（11）:9345-9357.

[11] SHIVA R, POKHREL, DING J, et al. Towards enabling critical mMTC: A Review of uRLLC within mMTC[J]. IEEE Access, 2020, PP（99）:1-1.

[12] POPOVSKI P, TRILLINGSGAARD K F, SIMEONE O, et al. 5G wireless network slicing for eMBB, URLLC, and mMTC: A Communication-Theoretic View[J]. IEEE Access, 2018, PP:1-1.

第8章 算力网络主要应用场景

算力网络所连接的算力是基于云、边、端结合的泛在算力，这些网络化的泛在算力可以为企业消费者、政府、个人等提供形式多样的算力服务，如超算类大算力应用场景、低时延的车联网场景或神经网络推理、训练等场景。算力网络的服务场景几乎可以涵盖所有计算需求场景。本章选取了新媒体、车联网、智能安防、CDN、工业互联网络及智慧家庭的场景来阐述算力网络的应用。

8.1 新媒体

相对于传统的报刊、广播、电视，在当前万物皆媒体的环境下，一些数字杂志、数字报纸、移动视频、触摸媒体等纷纷出现，即大家熟知的新媒体，也被称为“第五媒体”。目前面向个人用户（2C）的新媒体业务，如互联网移动端创新应用、超高清视频、视频直播等，普遍存在时延敏感、带宽需求较高、热度高等挑战，在普通网络环境中，经常会出现卡顿、访问和下载数据缓慢等现象，影响用户的体验。

考虑到带宽的消耗、网络的延迟，以及数据隐私性保护等挑战，在新媒体这种数据量庞大、对处理延迟敏感、对数据隐私敏感的场景下，终端设备产生的数据中有超过半数需要在终端设备或网络边缘侧就近分析处理，而中心化的云端只处理计算资源需求大、实时性要求不高的计算任务，如 AI 模型训练。未来的计算不仅仅局限于大型数据中心，将分布在由云、边、端构成的一体化连续频谱上。

云、边、端一体化的计算新格局是把终端设备和接入网关等构成的集群当作一个个小型数据中心，每个边缘节点不再运行单一的任务，而是变成一个可以被动态调度执行的多类型任务通用计算节点。因此边缘操作系统不仅仅需要负责边缘设备上的任务调度、存储网络管理等传统操作系统职责，也需要提供一套完整的安全隔离机制，以防止动态调度到同一边缘设备上任务之间的相互影响，而容器作为一类轻量级的操作系统隔离技术就可以在这里发挥很好的作用。根据不同场景下资源的丰富程度和功能需求，端云一体化管理平台负责管理边缘设备构成的大量小型数据中心。

如图 8-1 所示为在算力网络场景下的直播部署示意图。在直播过程中，需要提供极具真实感的美颜功能及特效，同时要保证主播可以实时向观众展示周围环境或产品，与观众进行实时互动（如弹幕交流、赠送礼物等）。通过在边缘云部署形象渲染服务，终端设备结合 5G 带宽、低时延的特性将渲染虚拟 3D 形象在边缘云端完成，一方面降低了终端设备的计算开销和手机的硬件配置门槛，另一方面缩短了传输时延，满足了主播业务对虚拟形象实时预览的需求。

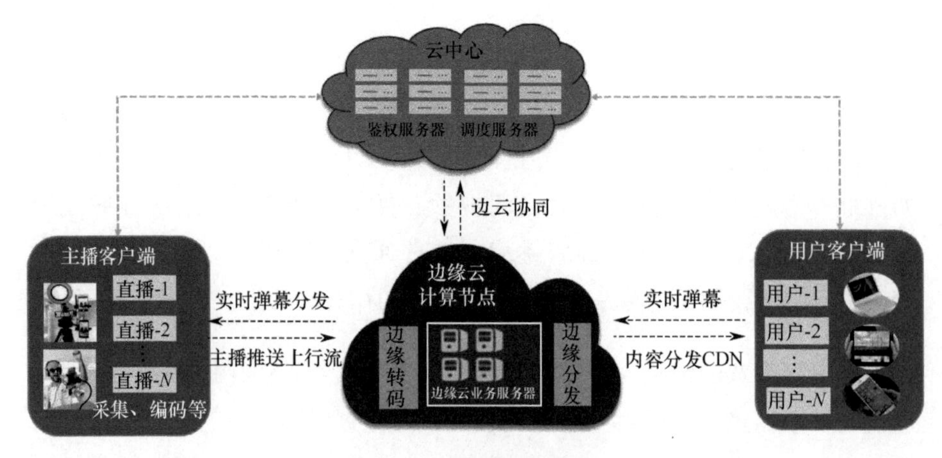

图 8-1　直播部署示意图

8.2 车联网

智能车联定位于通过 5G、MEC、V2X（车联网）等先进通信与网络技术，实现智能汽车与人、车、路、后台等信息交互共享，构建车路云一体的协同服务系统，具有复杂的环境感知、智能决策、协同控制和执行等功能，从而面向智能交通管理控制、车辆智能化控制和智能动态信息服务提供电信级的运营服务保障。

车联网辅助驾驶场景中，特别是对于车辆外部由于遮挡、盲区等视距外的道路交通情况，需要通过边缘计算节点获取该车辆位置周边的全面路况交通信息，并进行数据统一处理，对于有安全隐患的车辆发出警示信号，辅助车辆安全驾驶。当离车辆最近的本地边缘节点过载时，辅助安全驾驶通知会发生延迟，可能导致交通事故的发生。通过算力网络将时延不敏感的业务，如车载娱乐从本地节点调度到其他节点进行计算，以降低本地节点的负载，使得时延敏感的 V2X 辅助驾驶业务在最近的本地空闲节点优先处理，保证其用户体验和可用性。

边缘云计算是基于云计算技术的核心和边缘计算的能力，构筑在边缘基础设施之上的云计算平台，形成边缘位置的计算、网络、存储、安全等能力全面的弹性云平台，并与中心云和车联网终端形成“云、边、端三体协同” 的端到端的技术架构，通过将网络转发、存储、计算、智能化数据分析等工作放在边缘处理，降低响应时延，减轻云端压力，降低带宽成本，并提供全网调度、算力分发等云服务。在如图 8-2 所示的云、边、端协同的车联网场景中，自动驾驶的汽车会基于激光传感器、摄像头采集数据并处理，把诸如交通状况等信息通过边缘节点共享给其他汽车。

基于 5G MEC 的自动驾驶管理平台，利用 5G MEC 网络超低时延、高稳定、大带宽的特点，让驾驶员和车之间信息交流并无卡点，保证了驾驶

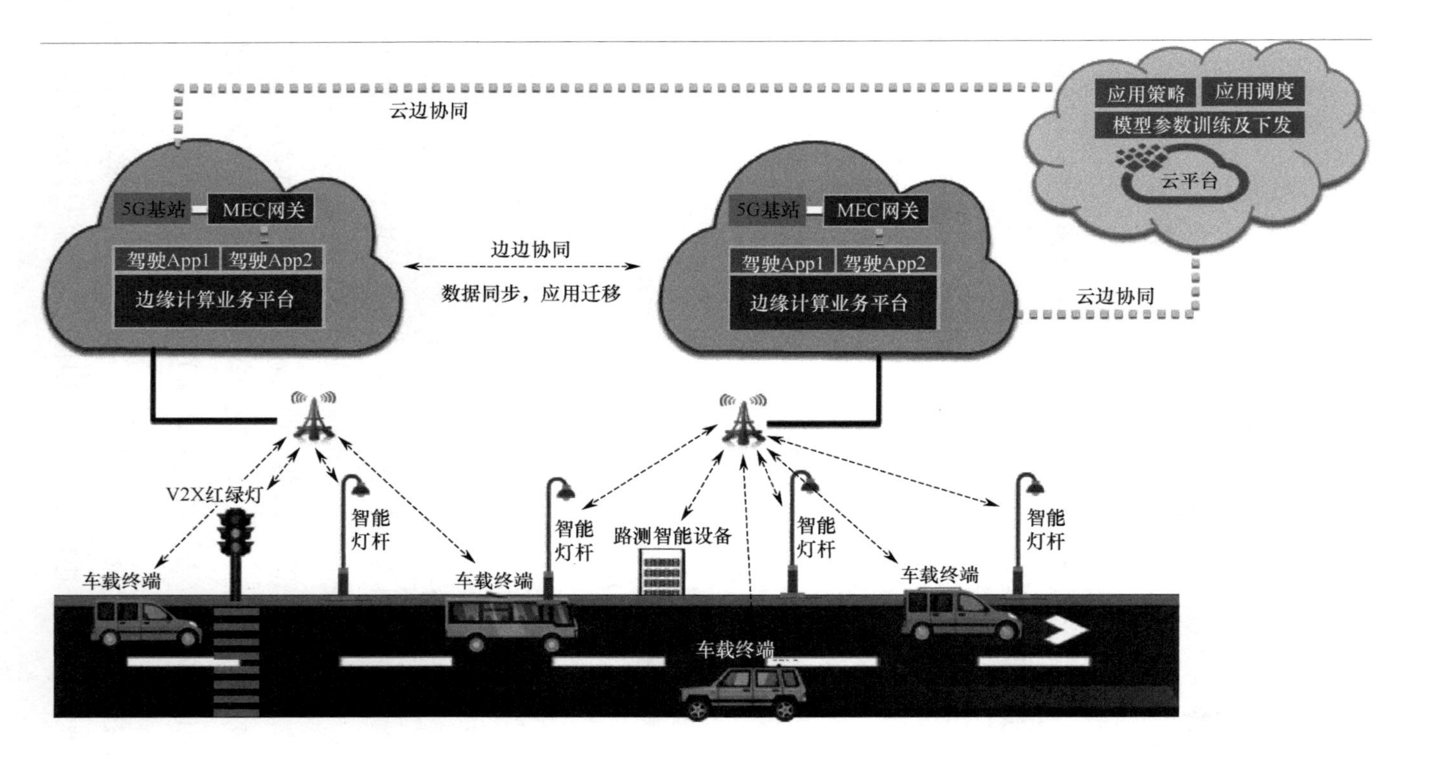

图 8-2　云、边、端协同的车联网场景

员对车辆的实时控制，并且使高清的视频图像能够及时传导至平台。基于 5G MEC 的车路协同系统，借助 MEC 即时性特点，接受 RSU 上报的路测信息，并推送至邻近车辆，实现本地分流和无缝切换。基于 5G MEC 部署远程故障管理平台，借助其低时延特点将连接、分析、指令下达，同时实现应用下移与数据缓存到 MEC，将车载部分计算分析系统上移至 MEC 边缘云，有效降低智能车辆改造成本，加快无人驾驶商业化步伐，并预留开放接口，可为所有车联网终端提供远程故障管理服务，如图 8-2 所示。

8.3 智能安防

智能安防是 AI 应用落地最早的场景之一。随着高清视频、智能分析、云计算和大数据等相关技术的发展，安防系统正在从传统的被动防御升级成为主动判断和预警的智能防御。安防行业也从单一的安全领域向多元化行业应用方向发展，通过智能化的视频监控获取更多更深的信息，并且基于获取的信息，利用多维数据的汇聚和碰撞，使案件调查逐步从事后追查走向事前预判，以及重大警情案件处置从公安部门单独处理延伸到政府多部门联动，指挥调度从语音调度走向音/视频融合等，从而提高了案件的处置效率。在机器视觉领域市场构成中，安防行业以 67.9%占据大部分份额，这得益于中国公共安全视频监控建设的庞大市场。

安防的演进已不仅仅局限于视频图像的编解码技术、存储技术，智能时代下，安防需要更多的 ICT 能力，需要泛在计算模式下云、边、端协同的能力。如图 8-3 所示为泛在计算模式下的安防应用场景示意图。

在前端设备智能化的同时，智能安防发展进程呈云边结合势态，系统逐渐形成“云、边、端”三级结构。在端边层级，得益于边缘 AI 芯片与模组的能力提升，越来越多的摄像机、DVR、NVR 获得了一定程度的智能化，可以对数据进行包括人脸识别、视频结构化、图谱分析等在内的处理。同时，前端采集和预处理的数据汇聚融合到中间层，即形成了“数据中台”。数据中台起到聚合关联数据及跨领域治理的作用，可以有效打破安防系统“烟囱林立”、子系统之间无法有效协同，而形成的“数据孤岛”局面，因此得到了众多安防厂商的关注。

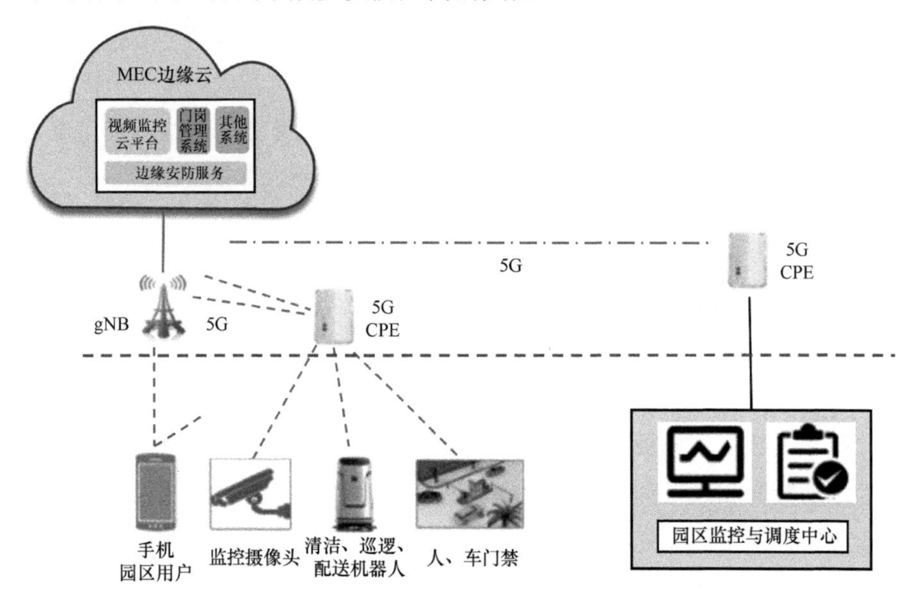

图 8-3　泛在计算模式下的安防应用场景示意图

8.4　CDN

8.4.1　CDN 简介

在未来的算力网络中，用户希望能够就近快速访问所需要的内容，获得最佳体验，如网页浏览、视频点播、游戏直播等。服务内容如果位于中心云中，则无法满足广泛分布的用户需求，此时需要通过分布式的内容部署来实现这一目的。

CDN（Content Delivery Network，内容分发网络）就是一种实现内容分布式快速访问的技术，它将源站内容分发至最接近用户的节点，使用户可就近取得所需内容，提高用户访问的响应速度和成功率，以解决因分布、带宽、服务器性能带来的访问延迟问题，适用于站点加速、点播、直播等场景。

类似于算力网络中算力资源分散的特点，CDN 将缓存服务器尽可能部署到离用户最近的地方，通过 DNS 服务器、负载均衡系统及缓存服务器来达到用户快速获取资源的目的，如图 8-4 所示，用户通过 CDN 加速访问网站的具体流程如下：

（1）用户单击网站页面上的内容 URL，经过本地 DNS 系统解析，DNS 系统会最终将域名的解析权交给 Canonical NAME 指向的 CDN 专用 DNS 服务器。

（2）CDN 的 DNS 服务器将 CDN 的全局负载均衡设备 IP 地址返回给用户。

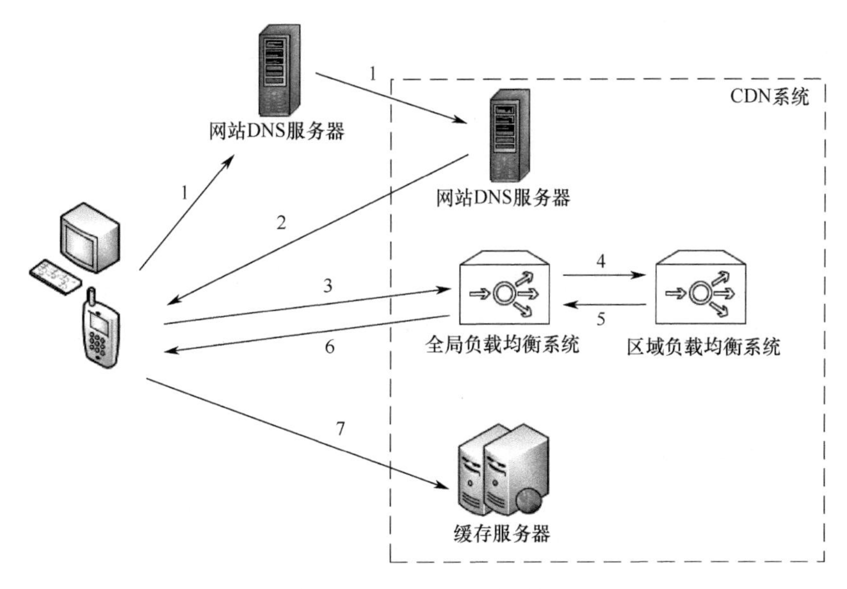

图 8-4　CDN 加速流程图

（3）用户向 CDN 的全局负载均衡设备发起内容 URL 访问请求。

（4）CDN 的全局负载均衡设备根据用户 IP 地址，以及用户请求的内容

URL，选择一台用户所属区域的区域负载均衡设备，并告诉用户向这台设备发起请求。

（5）区域负载均衡设备会为用户选择一台合适的缓存服务器提供服务，选择的依据包括：根据用户 IP 地址，判断哪一台服务器距用户最近；根据用户所请求的 URL 中携带的内容名称，判断哪一台服务器上有用户所需内容；查询各个服务器当前的负载情况，判断哪一台服务器尚有服务能力。基于以上这些条件的综合分析之后，区域负载均衡设备会向全局负载均衡设备返回一台缓存服务器的 IP 地址。

（6）全局负载均衡设备把服务器的 IP 地址返回给用户。

（7）用户向缓存服务器发起请求，缓存服务器响应用户请求，将用户所需内容传送到用户终端。如果这台缓存服务器上并没有用户想要的内容，而区域负载均衡设备依然将它分配给了用户，那么这台服务器就要向它的上一级缓存服务器请求内容，直至追溯到网站的源服务器再将内容同步到本地。

8.4.2 CDN 的应用场景

CDN 的主要作用是通过遍布各地的缓存网络节点，优化路径，就近分发，解决网络拥挤的状况，使内容传输得更快、更稳定，适用于以下几个应用场景。

（1）教育平台在线教学近年极速发展，但网络时延、画质清晰度、突发流量管理、互动功能等是视频直播需要解决的难题。CDN 凭借低时延的产品特性，让数据得以即时传输，为师生带来响应快速、使用流畅的视频观看体验。

（2）电商平台是 CDN 服务的老客户，每一次大促的背后都意味着电商交易流量的高峰，要让电商走得更远、更顺畅，少不了 CDN 技术的支撑。CDN 利用充足的带宽资源，做好 CDN 冗余储备，在用户访问突增时灵活、快速地为用户调配资源，避免用户的“访问洪峰”影响购物体验，同时缓解源站压力。

（3）CDN 技术已经深入到日常生活的方方面面，能够为人们提供更便捷、更有质量的生活方式。例如，日常观看短视频时，CDN 采用网页静态资源优化加速分发，缩短网页响应时间，让用户观看起视频来更加流畅。再如选课、抢票时，面对暴增的流量，CDN 可以使延迟降到最低。这简单的几秒，可以让用户的体验感提升 90%以上。

在传统型 CDN 快速发展的同时，也出现了一些急需解决的问题。

（1）价格过高。随着国内互联网的大踏步发展，CDN 服务作为互联网内容的“快递员”显得更加重要。对于专业的 CDN 服务商，其专注核心业务发展，易扩大经营规模，且进入市场较早，具有成熟的运营机制和较高的服务能力。但由于 CDN 运营的不灵活，导致带宽资费设置不灵活，不能按需索取，所以导致 CDN 价格居高不下。

（2）占用网络资源带宽。视频类业务的快速增长给移动运营商的网络承载能力带来了很大的冲击。当前移动网的 CDN 系统一般部署在省级 IDC 机房，并非运行于移动网络内部，离移动用户较远，仍然需要占用大量的移动回传带宽，服务的“就近”程度尚不足以满足对时延和带宽更敏感的移动业务场景。另外，目前 OTT 厂家已经规模部署了很多 CDN 节点，但 CDN 主要部署在固网内部，移动用户访问视频业务均需要通过核心网后端进行访问，给运营商的网络资源传输带宽带来了很大的挑战。

8.4.3 CDN 的发展趋势

随着 5G 网络结合 AI、大数据、云计算、物联网等技术的发展，万物互联的信息时代将让互联网进入一个新阶段，现阶段的 CDN 架构已经无法满足 5G 时代的应用需求，结合大范围的 MEC 部署，CDN 将迎来以边缘云+AI 为基础的新发展阶段，快速响应用户需求，实现服务能力、服务状态和服务质量的更加透明化。通过将 CDN 部署到移动网络内部，比如，借助边缘云平台将 vCDN（虚拟 CDN）下沉到运营商的 MEC 内，将大大缓解传统网络的压力，并且提升移动用户视频业务的体验。基于云边协同构建 CDN，不仅在中心 IDC 的基础上扩大 CDN 资源池，还可以有效地利用边缘云进一步提升 CDN 节点满足资源弹性伸缩的能力，如图 8-5 所示。

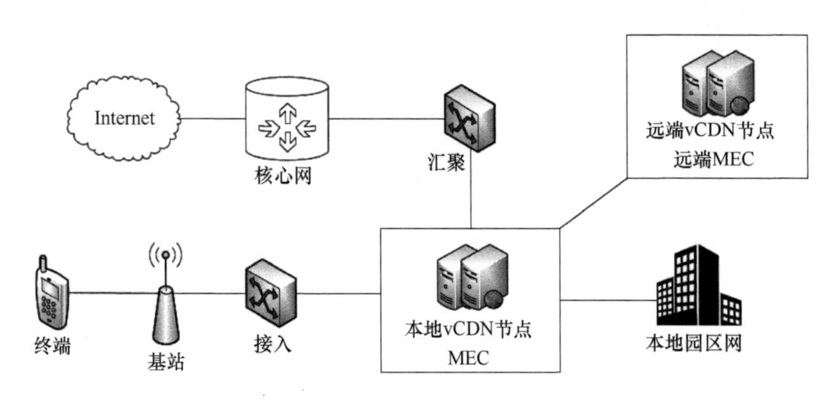

图 8-5　基于边缘云的 vCDN 实现场景

CDN 云边协同适用于本地化+热点内容频繁请求的场景，以及适用于商超、住宅、办公楼宇、校园等。对于近期热点视频和内容，可能出现本地化频繁请求，结合算力网络+MEC 的功能特性，通过在第一次远端内容回源时，在本地 MEC 建立 vCDN 节点，之后本地区内多次请求热点内容均可从本地 MEC 分发，提高命中率，降低响应时延，可提升 QoS 指标。同理，还可将此类过程应用于 4K、8K、AR/VR、3D 全息等场景中，本地化快速动态建立场景和环境，同时提高用户体验，降低眩晕感和延迟卡顿等。

目前，部分电信运营商已具备在 MEC 中动态部署 vCDN 节点的能力，相比传统 CDN，边缘节点更加下沉，通过算力网络的互联，将内容分发能力延伸至区县级，将源站内容分发至最接近用户的节点，使用户可就近获取所需内容，解决带宽及性能带来的访问延迟问题，从而提高用户访问的响应速度和成功率，提升用户体验，适用于站点下载加速、点播、直播等场景。

8.5 工业互联网

8.5.1 发展背景

随着信息时代的到来，传统制造业已从数字阶段向网络阶段迈进，工业互联网迅速兴起，并获得飞速发展。目前我国工业互联网的发展不平衡，企业集成水平不高，上下游协同较差。从《工业互联网化指数》的数据可以看出，当前工业生产设备数字化率为 45.1%，数字化生产设备联网率为 39.0%，工业电子商务应用普及率为 49.6%，企业网上采购率为 25.4%，网上销售率为 30.1%，一些企业的数据平台尚未打通，且制造、物流、商务、用户等环节未实现很好的连接，所以加强企业互联和网络协同是工业互联网化的必然途径。

近年来，随着我国制造业从数字化向网络化迈进，工业互联网迅速兴起，尤其是国务院常务会议审核并通过了《深化“互联网+先进制造业”发展工业互联网的指导意见》，对我国工业互联网的发展具有重要意义。在国家供给侧改革政策的推动下，工业领域的需求正在持续复苏，在人们对于物质品质需求不断提高、人力成本不断上涨，以及上游材料成本提升等多重因素下，工业企业也认识到必须向智能化靠拢，大力发展工业互联网基础设施建设，凭借其新一代信息技术与工业系统全方位深度融合的特点，成功实现向智能化转型的目标。

互联网与工业的融合发展已经成为未来的一种发展趋势，工业渗透于互联网，孕育出工业互联网平台，实现以数据为驱动、以制造能力为核心的专业平台。国外企业从不同层面与角度已搭建了工业互联网平台，我国的工业互联网平台应借鉴国外工业互联网平台的建设与应用模式和方案，促进工业互联网的发展，实现工业互联网的中国化。工业互联网是连接工业全系统、全产业链、全价值链，支撑工业智能化发展的关键基础设施，是新一代信息技术与制造业深度融合所形成的新兴业态与应用模式，是推动互联网从消费领域向生产领域、从虚拟经济向实体经济拓展的核心载体。

8.5.2 算网融合分析

随着 5G、MEC 及物联网技术的快速发展，工业园区内的无线网络快速连接得到扩展，并通过工业网关接入最近的边缘计算网络，边缘云与中心云、公有云通过承载网络互联，由算力网络集中式的控制平台统一调度，实现云边协同，最终结合算力网络的算网融合创新功能达到远距离工业园区间的信息共享及云、边、端算力协同的目的。

近年来，随着政府部门陆续出台相关政策支持，以及生态建设的不断完善，中国工业互联网产业正在迅猛发展。据国际数据公司预测，到 2020 年全球将有超过 50%的物联网数据将在边缘处理，而工业互联网作为物联网在工业制造领域的延伸，也继承了物联网数据海量异构的特点。在工业互联网场景中，边缘设备只能处理局部数据，无法形成全局认知，各个工业园区内的信息和资源是孤立的，在实际应用中仍然需要借助集中式的调度平台来实现不同工业园区的信息融合及多云之间、云网之间的架构融合，因此云边协同、算网融合正逐渐成为支撑工业互联网发展的重要支柱。

工业互联网的边缘计算与云计算协同工作，大部分情况下，在边缘计算环境中安装和连接的智能设备能够处理关键任务数据并实时响应，而不是通过网络将所有数据发送到云端并等待云端响应，而当处理大计算量应用，如视频处理时，就需要其他边缘云和中心云的协助。边缘计算设备本身就像一个小型数据中心，当园区中存在某类应用需求时，动态地进行部署处理，在本地完成计算，因此大大降低了延迟时间，利用这种弹性部署功能，数据处理变得分散且灵活，网络流量大大减少。

对于中心云来说，则可以在后期收集这些数据进行进一步处理和深入分析。同时，在工业制造领域，单点故障在工业级应用场景中是绝对不能被接受的，因此除了云端的统一控制外，工业现场的边缘计算节点必须具备一定的计算能力，能够自主判断并解决问题，及时检测异常情况，更好地实现预测性监控，提升工厂运行效率的同时也能预防设备故障问题，将处理后的数据上传到云端进行存储、管理、态势感知，云端也负责对数据传输监控和边缘设备使用进行管理。

8.5.3 应用场景

在工厂的端侧，通过工业网关将数据采集、可编程逻辑控制器（Programmable Logic Controller，PLC）、机械臂等工业设备进行连接，再加上进行视频监控的设备，形成厂区内部的工业互联网络，同一工业园区内的不同厂区通过各厂区内部的工业网关及园区内的 MEC 实现互联。此外，为了将工业生产中产生的实时数据存储于实时数据库内，供 MES、ERP 等其他功能模块、系统调用处理，建立起工单、物料、设备、人员、工具、质量、产品之间的关联关系，保证信息的继承性与可追溯性，工业园区需通过 MEC 实现与办公园区的网络互联，完成与办公园区内数据中心的信息共享，如图 8-6 所示。各边缘云通过边缘数据中心出口的网关实现与中心云

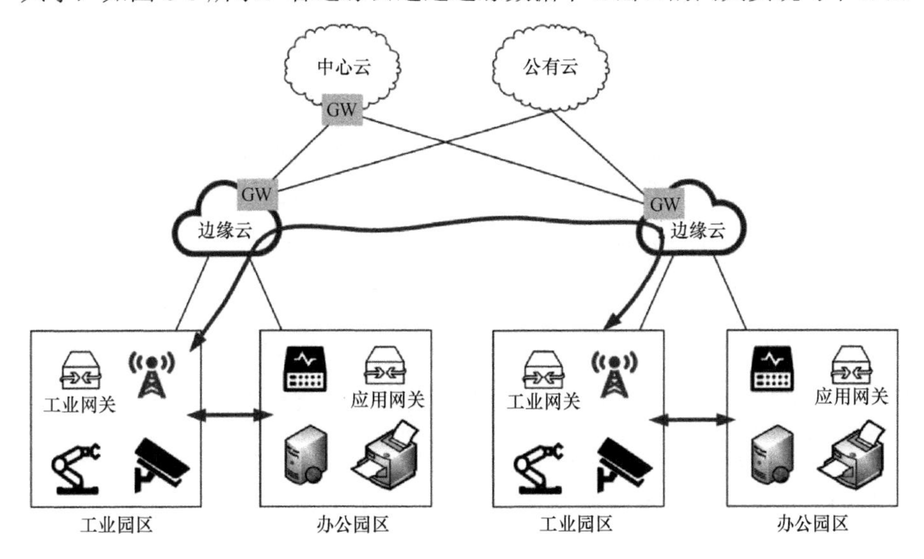

图 8-6　工业互联网云边协同示意图

及公有云的互联，各云之间通过出口网关实现算力信息交互。

通过此方案，在边缘层快速建立一体化和实时化的信息体系，满足工业现场对实时性的要求，实现工业现场传感器、PLC、机器臂等自动化设备的数据接入及生产视频监控，提供数据采集、数据分析、信息处理、视频采集、视频分析等服务。由边缘云接入中心云，实现大量异地跨域园区的数据接入，既可以让生产管理人员查看厂区作业和设备运行的实际情况，也可以向业务部门提供客户订单的生产情况，并能够根据实际生产情况计算出直接物料的成本、产量、设备故障、消耗等，直接根据生产原料的剩余情况决定是否触发采购流程，构建云边协同的智能化生产管理体系。

8.6 智慧家庭

8.6.1 发展概述

智慧家庭又称为智慧家庭服务系统，是综合运用物联网、云计算、移动互联网和大数据等技术，结合自动控制技术，将家庭设备智能控制、家庭环境感知、家人健康感知、家居感知及信息交流、消费服务等家居生活结合起来，创造出健康、舒心、低碳、便捷的个性化家居生活。随着信息化技术的逐步发展，网络技术的日益完善，可应用网络载体的日益丰富和大带宽室内网络入户战略的逐步推广，智能化信息服务已逐步进入千家万户。现代家庭已经可以通过智能电视进行网上购物，完成水、电、气费的缴纳，通过小度音箱、天猫精灵等智能控制设备将电灯、窗帘、电视机、冰箱、空调、洗衣机等家电设备进行统一语音控制等。

目前，智慧家庭通过一个中心控制设备，能够实现家庭局域网中的设备控制，如果需要完成与家庭之外的设备互联，则需要通过家庭网关接入互联网，如和父母或孩子之间的家庭互动、和小区系统之间的互联等。另外，家庭智能娱乐也在逐步发展中，目前的高清 4K/8K 及 VR 游戏如果要和计算机网络游戏一样与外界互动，就需要家庭网络对于大带宽、低延迟的支持，随着画质及 VR 场景互通要求的提高，家庭局域网内部对于视频数据的处理就会出现瓶颈，此时需要家庭局域网外部的算力提供支持，在边缘云中完成大计算量的视频数据处理，再将处理结果返回。通过算力网络可以高效地对互联网中位于各个位置的算力进行整合，未来或许对于家庭娱乐就仅仅需要一个能够互动显示视频的终端即可。

8.6.2 应用场景

在家庭智能化信息服务进入千家万户的今天，各种异构的家用设备如何简单地接入智能家庭网络，用户如何便捷地使用智能家庭中的各项功能成为关注焦点。在智能家庭场景中，边缘计算节点（家庭网关、智能终端）具备各种异构接口，包括网线、电力线、同轴电缆、无线等，同时还可以对大量异构数据进行处理，再将处理后的数据统一上传到边缘云或中心云，用户不仅仅可以通过网络连接边缘计算节点对家庭终端进行控制，还可以通过访问云端，对需要长时间保存的数据进行访问。

智慧家庭云边协同基于虚拟化技术的云服务基础设施，以多样化的家庭终端为载体，通过整合已有业务系统，利用家庭网关将手机、计算机、家用电器及娱乐设施等互联，组成家庭局域网络，再通过边缘计算节点将一定区域范围内的家庭网关互联。每个边缘计算节点都可以部署自己的小型数据中心，又称为边缘云，实现小区监控等小区公共安全服务系统的上云。边缘云再经过承载网络与广域网上的中心云相连，使家庭能够访问部署在中心云上的各种公共服务及医疗服务，继而实现边缘云与中心云的数据交互，完成家庭生活娱乐、小区环境监管及医疗健康咨询等多元化智慧生活的整合，如图 8-7 所示。

未来，智能家庭场景中云边协同将会越来越得到产业链各方的重视，电信运营商、家电制造商、智能终端制造商等都会在相应的领域进行探索。在不远的将来，家庭智能化信息服务业不仅局限于对于家用设备的控制，家庭能源、家庭医疗、小区安防、互动教育等产业也将与家庭智能化应用紧密结合，成为智慧家庭大家族中的多元化生态。

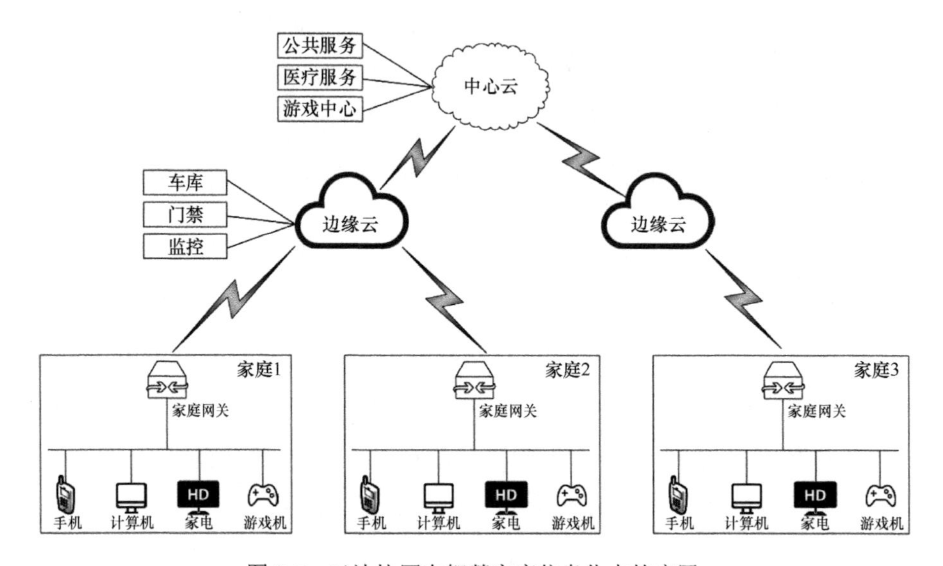

图 8-7　云边协同在智慧家庭信息化中的应用

本章参考文献

[1] 云计算开源产业联盟. 云计算与边缘计算协同九大应用场景[R]. 2019.

[2] 中国联通. 中国联通算力网络白皮书[R]. 2019.

[3] 中国联通. 中国联通算力网络架构与技术体系白皮书[R]. 2020.

第9章 算力网络发展展望

算力网络依托计算和网络两大 IT 与 CT 基础设施，使能算力服务，是响应国家产业政策，具备商业前景，适合运营商经营，顺应技术演进趋势的新方向。随着未来新型业务应用的快速发展，以及网络基础设施和算力基础设施的能力提高，算力网络将使能更多的行业，为各行业数字化、智能化提供基础保障。本章将探讨算力网络的发展展望、电信运营商在算力网络方面的规划，以及算力网络发展所带来的新机遇和挑战。

9.1 算力网络在业界的发展展望

算力网络将是未来“2030 网络”的重要特征之一，从 2017 年开始，产业内就开始研究连接和计算的融合，之后又对下一代“连接+计算”的融合网络进行了展望，并逐渐形成了 2020 年产业对“算力网络”的共同愿景。算力网络是云网融合发展到算网融合的升级，将对网络运营、算力服务、资源管控、业务创新等多方面产生深远的影响。2020 年产业对算力网络的研究进入一个新的阶段，目前算力网络相关标准已经立项，包括 ITU-T 5 项、MEF 1 项、ETSI 1 项、CCSA 2 项，并在网络 5.0 联盟（TC614）成立了算力网络特别工作组，2020 年年底，产业也相继发布了最新的研究成果。

中国联通在《算力网络架构与技术体系白皮书》中指出，目前 SDN 已经实现了云和网的拉通特别是专线等级的连接，NFV 实现了核心网功能的全面云化，但是 SDN 与 NFV 的部署一般相互独立，自成体系。结合 5G、泛在计算与 AI 的发展趋势，以算力网络为代表的云网融合 2.0 时代正在快速到来。在云网融合 1.0 时代，一般来说 SDN 主要聚焦在 IP 承载网，NFV 主要聚焦在核心网，分别研究，独立发展，各成体系；而进入云网融合 2.0 时代，不再是简单地将云和网拉通，而是主动拥抱计算形态的变化，SDN 与 NFV 需要多拉通，强协同，实现算网融合。云网融合 2.0 在云网融合 1.0 基础上发展，强调结合未来新业务形态的变化，例如，网络与平台要适应未来云游戏、千人千面直播、自动驾驶等强算力与强交互业务需求，需要在云、网、芯三个层面持续推进研发。在 SDN2.0 时代，随着 IPv6 技术在云网端的加快普及，以及 SRv6 的加快成熟，网络控制由集中再次走向集中+分布协同；NFV2.0 时代，在虚拟化网元实现编排管理的基础上，新增了容器编排和算力编排；结合“应用部署匹配计算，网络转发感知计算，芯片能力增强计算”要求，实现 SDN 和 NFV 的深度协同。中国联通在此基础上定义的“算力网络体系架构”是指在计算能力不断泛在化发展的基础上，通过网络手段将计算、存储等基础资源在云、边、端之间进行有效调配的方式，以此提升业务服务质量和用户服务体验的计算与网络融合思路架构。

中国移动在《泛在计算服务白皮书》中将“泛在计算”定义为“通过自动化、智能化调度，人们可在任何时间任何地点无感知地将计算（算力、存储、网络等）需求与云、边、端多级计算服务能力连接适配，通过多方算力贡献者和消费者共同参与，实现算力从产生、调度、交易到消费的闭环，实现算网一体、算随人选、算随人动的可信共享计算服务模式”，其具备四个主要特征：算网融合，算随人选，算随人动，可信共享。中国电信提出“网络是边缘计算的核心能力之一”，建议以边缘计算为中心，重新审视和划分对应的网络基础设施，并将网络划分为边缘计算接入网络（Edge Computing Access-Network，ECA）、边缘计算内部网络（Edge Computing Network，ECN），边缘计算互联网络（Edge Computing Interconnect，ECI）。其中，算力网络是连接与计算深度融合的产物，通过成熟可靠、超大规模的网络控制面（分布式路由协议、集中式控制器等）实现计算、存储、传送资源的分发、关联、交易与调配，并将网络架构划分为“应用资源寻址”“算法资源寻址”和“基础资源寻址”三层，实现多维度资源的关联、寻址、交易和调配等。此外，在算力度量方面，为实现“连接+计算”的服务化，构建 SLA 量化分级体系，中国联通还与华为完成了《面向业务体验的算力需求量化与建模研究报告》，中国信通院也发布了《5G 切片端到端 SLA 需求研究报告》，分别对计算和连接的服务量化分级给出了建议。

9.2 电信运营商相关工作介绍

结合算力网络的愿景和内涵，包括移动、电信、联通在内的国内三大运营商均结合边缘计算、5G 承载、云网融合做出了相关战略布局。本章以中国联通为例，来阐述电信运营商在算力网络架构设计、功能模块、层间接口及各功能层关键技术方面的研究成果。为促进算力网络的产业发展、生态建设及商业落地，结合中国联通在算力网络研发与实践方面的工作，产业各方需要共同投入到算力网络的参考架构、接口标准和评估体系的工作中来，通过参考架构和接口标准形成业界统一的算力网络技术体系，指引产业链各方进行产品开发、商用落地和运营分成，促进产业伙伴间高效的合作与协同。同时，从客户体验与业务意图视角，形成算力网络可测量、可验收、可评估的评估能力体系，促进算力网络的可持续健康发展。

中国联通在 2019 年发布的《算力网络白皮书》中专门提到，从国家战略与 5G 和 AI 发展的趋势判断，中日韩作为制造业大国，都面临人口老龄化的挑战，必将引领信息化向智能化的产业升级，也将是全球“算力网络”最早研究和实践的地区。云化网络时代的核心需求来自云计算和 IT 的产业，这个领域美国处于领先地位。而在算力网络时代，需求来自 5G 与 AI 结合的各行各业智能化的诉求。在过去的一年多，我国各研究机构已开始形成合力，将算力网络的需求、场景和生态向国外积极输出，可以说已经初步把握住了算力网络研究的主导权。

2021 年 3 月，中国联通正式发布了新一代数字化基础设施 CUBE-Net3.0，提出了中国联通作为电信运营商，要努力成为数字基础设施新网络的构建者、算网一体确定性新服务的创作者、智能端云产业新生态的合作者，更好地赋能经济社会产业升级，使能千行百业数字化转型和智能化改造。

概括来说，CUBE-Net3.0 有三大业务使命，一是通过算网一体实现深层次的云网融合，探索云、边、端多级计算资源和服务能力通过中国联通承载网实现智能调度和高效分配的方式；二是通过云光一体实现高质量的云网融合，实现全光一跳入云，打造差异化的云网融合能力，提供更低时延、更大带宽、更高可靠和更广覆盖的全光入云专线和品质连接；三是通过端到端确定性云网服务赋能产业数字化，以可标准化、可复制、可定制为目标，技术融合创新和开放定制，打造差异化网络产品，实现确定性服务。

未来，结合边缘分布式 AI 能力建设带来的新场景、新需求，中国联通会持续将算力网络作为云网融合 2.0 的重要内容，从标准制定、产业生态、应用试点、国内外合作等多个方面推进算力网络，以期在新一轮云网融合的研发与建设中继续保持行业领先优势，继续与合作伙伴一起持续推进算力网络的标准化与国际化进程。

9.3 算力网络的发展新机遇

从政策导向看：国家发展改革委员会明确将算力基础设施作为新基建的核心内容之一，通过顶层设计、政策环境、统筹协调等方式促进算力基础设施的持续发展、成熟和完善。从商业模式看：强大的算力是全社会智能应用的重要支撑，新基建政策将极大调动社会各方对算力基础设施的投资建设热情，而运营商所掌握的优质网络将是算力触达用户、实现算力商业变现的最重要手段。从技术成熟度看：以微服务、无服务为代表的应用轻量化部署架构为 IT 资源的统一管理和快速调度提供了技术手段，承载网 SRv6 等技术，已经可以实现云数据中心内外部网络统一调度及智能路由，促进了“网络内生服务”这一理念的加快实现。

算力网络将微服务、Unikernel、边缘计算、泛在计算带来的动态，分布式的计算效率，以及用户体验作为网络架构的第一优先设计原则，其基本理念是让网络成为智能社会的基础设施，高效连接云 DC、数据中心、边缘计算、超边缘计算等泛在开放的计算资源，以及开放动态的各类服务（Service）。算力网络未来考虑服务能够在不同计算资源上按需实时实例化，支持海量服务被应用复用，进一步提高计算资源的利用效率，尤其能够极大提高边缘计算的利用效率，解决边缘计算等资源受限节点解决其扩展性问题。算力网络作为网络基础设施连接高度分布化的计算资源和海量服务，以实现数据、计算、网络的动态优化，达到资源的高效连接、利用最优、用户体验最佳，从而作为“新基建”的基础设施，推动上层业务应用的快速发展。

9.4 算力网络面临的挑战

基于对 6G 时代泛在计算的构想，算力网络在网络即服务（Network as a Service，NaaS）的基础上，旨在打造算力即服务（Computing Power as a Service，CPaaS）的统一化应用平台，实现网络内生服务，使用户能够便利地以服务的形式随时随地获取所需的计算资源，而不需要关注计算资源实际的物理位置，其强调无处不在的 6G 网络是一切服务的触点，所有服务由 6G 网络内生，用户将一切需求交给网络，网络通过其内生的能力，直接向用户反馈结果，包括连接内生、质量内生、算力内生、安全内生等。要实现上述构想，算力网络需要满足几个方面的要求，包括如何针对不同应用将计算能力统一度量衡，针对不同网络区域将计算资源整合，针对用户的不同需求算力网络自动匹配相应的算力，针对算力需求的潮汐效应自动匹配合适的算力等。

在整个算力网络体系中，还存在未完全标准化的细节。例如，不同类型的计算硬件在不同的计算场景中所体现出来的计算能力是不同的，以及对不同物理距离的计算资源，计算能力的大小与网络资源的优劣有着很大关系。基于上述原因，在算力网络中，完善的计算能力度量还未形成统一标准，针对不同场景无法做到绝对准确，这需要随着应用与算力更为紧密的结合，实际应用的不断增多，相应算法的不断改进，才能逐步完善。

在目前的网络中，各个网络区域中尚存在着较为明显的边界，如提供业务部署的数据中心网络、为地市级内业务互联服务的城域网，以及实现地市间互联的承载网等。基于各个网络区域内管理方面的原因，在网络区域边界上的边界网关设备会选择性地将信息进行跨区域发送，或者将区域内的信息以汇聚的方式统一发送。同样，对于网络区域内的算力资源信息，基于管理和安全性方面的考虑，还无法确保区域间的算力资源信息完全共享及精确匹配，如何解决全网的算力资源信息共享及基于用户意图的算力精确匹配，是未来算力网络需要解决的核心问题之一。

业界希望未来的网络是基于意图的，当用户接入互联网提出自己的需求时，网络能够根据用户的意图自动选择相应的应用，并自动化调用匹配的算力资源为其服务。根据用户的意图提供相应的算力服务，首先需要通过应用层面人工智能技术对于用户表达方式的精确理解，以及通过算力网络智能化程度的不断改进，将应用与网络相互感知，再通过网络将应用调度到合适的算力资源。在这个过程中，用户意图的准确识别、网络路径的合理选择、算力资源的精确匹配都是未来算力网络中需要进一步解决的问题。

在某个特定的区域，并非在任何时刻区域内算力能够恰好满足区域内用户的需求，算力有可能短缺，也有可能过剩。例如，在一个上班族人员聚居的居住社区，为其提供算力服务的边缘数据中心在工作日白天可能大部分时间都处于空闲状态，而在下班时间或节假日期间都处于超负荷状态，那么为了促进算力资源的高效率利用，可以通过相邻边缘数据中心的算力协同来解决这个问题。通过算力网络，在本地边缘数据中心忙时，将超负荷的算力需求调度到附近的边缘数据中心进行处理，闲时，将冗余的算力资源发布到网络中供短缺的区域使用。如何智能化、自动化地实现这种算力资源的弹性伸缩及相互协同，是未来能够随时随地使用算力网络的重要基础。

综上所述，算力网络目前处于不断的发展完善中，算力网络是未来 6G 时代数字化信息社会不断向前发展的要求，人们对于未来信息的诉求不再是纯粹的单向获取，而是逐步演变为经过信息输入、信息处理、信息返回过程形成的双向信息交互，对于数字世界的索取更偏向于意图化，期望网络能够更加智能地满足自身的需求，并且更加期望能够随时随地获取信息，不因为自身所处位置的改变，信息的获取效率及感受就发生改变。为满足用户全方位、多角度、高要求的网络需求，网络的发展趋势也更倾向于服务化，这就要求数字信息化的基础能力由云网融合逐步演进为算网一体，随着 ICT 技术的不断发展，算力网络将会不断完善，在不远的将来必定会成为数字化信息社会的重要服务基石。

9.5 全国一体化算力网络发展规划

近年来我国数字经济蓬勃发展，对构建现代化经济体系、实现高质量发展的支撑作用不断凸显。随着各行业数字化转型升级的进度加快，特别是 5G 等新技术的快速普及应用，全社会数据总量爆发式增长，数据资源存储、计算和应用需求大幅度提升，迫切需要推动数据中心合理布局、供需平衡、绿色集约和互联互通，从而构建数据中心、云计算、大数据一体化的新型算力网络体系。

2021年5月，包括国家发展和改革委员会在内的多部委在《全国一体化大数据中心协同创新体系算力枢纽实施方案》（简称《实施方案》）中提出了建设全国一体化大数据中心的指导思想，即坚持新发展理念，坚持改革创新、先行先试，推动数据中心、云服务、数据流通与治理、数据应用、数据安全等统筹协调、一体设计，加快打造一批算力高质量供给、数据高效率流通的大数据发展高地，以加强统筹、绿色集约、自主创新、安全可靠为基本原则，统筹围绕国家重大区域发展战略，根据能源结构、产业布局、市场发展、气候环境等，在京津冀、长三角、粤港澳大湾区、成渝，以及贵州、内蒙古、甘肃、宁夏等地布局建设全国一体化算力网络国家枢纽节点，发展数据中心集群，引导数据中心向集约化、规模化、绿色化发展。在此发展思路的指导下，国家枢纽节点之间进一步打通网络传输通道，并提出“东数西算”的构想，在保证东部地区大量数据有效处理的前提下，积极推动大型数据中心向可再生能源丰富，气候、地质等条件适宜的西部区域布局，以此推动全国范围跨区域算力调度水平的提升。在实现对海量规模数据集中处理的同时，为保证全国数据中心的合理布局及算力资源的协同优化，国家枢纽节点以外的地区也同步统筹省内数据中心的规划布局，与国家枢纽节点加强衔接，参与国家和省之间算力级联调度，开展算力与算法、数据、应用资源的一体化协同创新，形成层次化的算力网络体系。

《实施方案》中明确指出，按照绿色、集约原则，加强对数据中心的统筹规划布局，结合市场需求、能源供给、网络条件等实际，推动各行业领域的数据中心有序发展。原则上，将大型和超大型数据中心布局到可再生能源等资源相对丰富的区域，优化网络、能源等资源保障，引导超大型、大型数据中心集聚发展，构建数据中心集群，推进大规模数据的“云端”分析处理，重点支持对海量规模数据的集中处理，支撑工业互联网、金融证券、灾害预警、远程医疗、视频通话、人工智能推理等抵近一线、高频实时交互型的业务需求，数据中心“端到端”单向网络时延原则上在 20 ms 范围内。贵州、内蒙古、甘肃、宁夏节点内的数据中心集群，优先承接后台加工、离线分析、存储备份等非实时算力需求。同时，在城市城区范围，为规模适中、具有极低时延要求的边缘数据中心留出发展空间，确保城市资源高效利用，加强对现有数据中心改造升级，发展高性能的边缘数据中心，鼓励城区内的数据中心作为算力的边缘端，优先满足金融市场高频交易、虚拟现实/增强现实（VR/AR）、超高清视频、车联网、联网无人机、智慧电力、智能工厂、智能安防等实时性要求高的业务需求，数据中心端到端单向网络时延原则上控制在 10 ms 范围内。

在国家枢纽节点数据中心和城市区域数据中心共同发展的基础上，各企事业单位和市场主体还需要继续加强内部算力资源整合，对集群和城区内部的数据中心进行一体化调度，支持在公有云、行业云等领域开展多云管理服务，加强多云之间、云和数据中心之间、云和网络之间的一体化资源调度，支持建设一体化准入集成验证环境，进一步打通跨行业、跨地区、跨层级的算力资源，构建算力服务资源池。

基于国家发展和改革委员会提出的《实施方案》，为促进边缘数据中心的超低时延处理与核心枢纽数据中心的超大规模数据处理相结合，算力网络致力于实现网络和计算的高度协同，将计算单元和计算能力嵌入网络，实现云、网高效融合，使边缘数据中心和核心枢纽数据中心发挥各自的优势。在未来的算力网络中，用户无须关心网络中的计算资源的位置和部署状态，只需关注自身所需要的服务，提出对网络服务能力的诉求。算力网络通过统一的服务平台使不同地理位置、不同地位、不同计算量级的数据中心在各司其职的基础上实现相互协作，从而完成全国数据中心的一体化创新。

本章参考文献

[1] 中国联通. 算力网络白皮书[R]. 2019.

[2] 中国联通. 算力网络架构与技术体系白皮书[R]. 2020.

[3] 国家发展和改革委员会. 全国一体化大数据中心协同创新体系算力枢纽实施方案[R]. 2021.

[4] 中国通信学会. 算力网络前沿报告[R]. 2020.

缩 略 语

缩 略 语	英 文 全 称	中 文 全 称
5GDNA	5G Deterministic Network Alliance	5G 确定性网络联盟
ACL	Access Control List	访问控制列表
AGV	Automatically Guided Vehicle	自导车辆
AI	Artificial Intelligence	人工智能
ADN	Autonomous Driving Network	自动驾驶网络
API	Application Programming Interface	应用程序接口
APN6	App-aware IPv6 Network	应用感知网络
AR	Augmented Reality	增强现实技术
ARM	Advanced RISC Machine	进阶精简指令集机器
ASIC	Application Specific Integrated Circuit	专用集成电路
BaaS	Backend as a Service	后端即服务
BBF	Broadband Forum	宽带论坛
BGP	Border Gateway Protocol	边界网关协议
BIER	Bit Index Explicit Replication	基于比特索引的显式复制
BNG	Broadband Network Gateway	宽带网络业务网关
BPaaS	Business Process as a Service	业务处理即服务
CAN	Computing Aware Network	算力感知网络
CCSA	China Communications Standards Association	中国通信标准化协会
CDN	Content Delivery Network	内容分发网络
CFN	Computing First Network	计算优先网络
CMP	Cloud Management Platform	多云管理平台
CNP	Congestion Notification Packet	拥塞通知报文
CORD	Central Office Re-architected as a Datacenter	中心局重构为数据中心
CPN	Computing Power Network	算力网络

续表

缩略语	英文全称	中文全称
CPU	Central Processing Unit	中央处理单元
CT	Communication Technology	通信技术
CUBE-Net	Cloud-oriented Ubiquitous-Broadband Elastic Network	面向云服务的泛在宽带弹性网络
DaaS	Desktop as a Service	桌面即服务
DANOS	Dis-Aggregated Network Operating System	分解网络操作系统
DCI	Data Center Interconnect	数据中心互联
DCI	Downlink Control Information	下行控制信息
DCN	Data Communication Network	数据通信网络
DCQCN	Data Center Quantized Congestion Notification	数据中心量化拥塞通告
DDOS	Distributed Denial of Service	分布式拒绝服务
DIP	Destination Internet Protocol	确定性传输技术
DNS	Domain Name System	域名服务器
DPI	Deep Packet Inspection	深度包检测单元
DSP	Digital Signal Processor	数字信号处理器
ECC	Edge Computing Consortium	边缘计算产业联盟
ECN	Edge Computing Network	边缘计算网络
ECNI	Edge Computing Network Infrastructure	边缘计算网络基础设施联合工作组
EFW	Edge Fire Wall	边缘防火墙
EIGRP	Enhanced Interior Gateway Routing Protocol	增强型内部网关路由协议
eMBB	Enhanced Mobile Broadband	增强型移动宽带
ETSI	European Telecommunications Standards Institute	欧洲电信标准化协会
FaaS	Function as a Service	函数即服务
FlexE	Flexible Ethernet	灵活以太网
FPGA	Field Programmable Gate Array	现场可编程逻辑门阵列
FRR	Fast Reroute	快速重路由
GDP	Gross Domestic Product	国内生产总值
GNTC	Global Network Technology Conference	全球网络技术大会
GPU	Graphics Processing Unit	图形处理单元
GSMA	Groupe Speciale Mobile Association	全球移动通信系统协会
IaaS	Infrastructure as a Service	基础设施即服务

续表

缩 略 语	英 文 全 称	中 文 全 称
ICT	Information and Communication Technology	信息通信技术
IDC	Internet Data Center	互联网数据中心
IDN	Integrated Digital network	综合数字网
IDS	Intrusion Detection System	入侵检测系统
IETF	Internet Engineering Task Force	互联网工程任务组
iFIT	in-situ Flow Information Telemetry	随流检测
IGP	Interior Gateway Protocol	内部网关协议
IoT	Internet of Things	物联网
IPS	Intrusion Prevention System	入侵防御系统
ISG	Industry Standard Group	行业规范小组
ISIS	Intermediate System to Intermediate System	中间系统到中间系统
iWarp	Internet Wide Area RDMA Protocol	互联网广域 RDMA 协议
KPI	Key Performance Indicator	关键性能指标
MAC	Media Access Control	介质访问控制
MANO	Management and Orchestration	管理和编排
MCS	Modulation and Coding Scheme	调制与编码
MEC	Multi-access Edge Computing	边缘计算
mMTC	Massive Machine Type Communication	海量机器类通信
MPLS	Multi Protocol Label Switching	多协议标签交换
Multi-TRP	Multi-Transmit Receive Point	支持多发送/接收点
NaaS	Network as a Service	网络即服务
NFV	Network Function Virtualization	网络功能虚拟化
NGP	Next Generation Protocols	下一代协议组
NPU	Neural Network Processing Unit	神经网络处理单元
NSA	Non-Stand Alone	非独立组网
OAM	Operation Administration and Maintenance	运营管理与维护
ODU	Optical Data Unite	光数据单元
OLDI	On Line Data Intensive	在线数据密集
ONAP	Open Network Automation Platform	开放网络自动化平台
ONF	Open Networking Foundation	开放网络基金会
ONIE	Open Network Install Environment	开放网络安装环境
ONRC	Open Networking Research Center	开放网络研究中心
ONS	Open Networking Summit	开放网络会议

续表

缩 略 语	英 文 全 称	中 文 全 称
OSPF	Open Shortest Path First Interior Gateway Protocol	开放式最短路径优先
OSU	Optical Service Unite	光业务单元
OT	Operational Technology	运营技术
P4	Programming Protocol-Independent Packet Processors	可编程协议无关包处理器
PaaS	Platform as a Service	平台即服务
PBR	Policy Based Route-map	基于策略的路由
PCEP	Path Computation Element Communication Protocol	路径计算单元通信协议
PDCCH	Physical Downlink Control Channel	物理下行链路控制信道
PDCP	Packet Data Convergence Protocol	分组数据汇聚协议
PISA	Protocol Independent Switch Architecture	协议无关交换机架构
PLC	Programmable Logic Controller	可编程逻辑控制器
PMI	Privilege Management Infrastructure	权限管理基础设施
QoS	Quality of Service	服务质量
RDMA	Remote Direct Memory Access	远程直接内存访问
RIP	Routing Information Protocol	路由选择信息协议
ROADM	Reconfigurable Optical Add-Drop Multiplexer	可重构光分插复用
RoCE	RDMA over Converged Ethernet	基于以太网的 RDMA 协议
RRC	Radio Resource Control	无线资源控制层
SaaS	Software as a Service	软件即服务
SAI	Switch Abstraction Interface	交换机抽象接口架构
SDN	Software Defined Network	软件定义网络
SD-WAN	Software Defined Wide Area Network	软件定义广域网
SFC	Service Function Chaining	服务链
SID	Service ID	服务号
SLA	Service Level Agreement	服务水平协议
SONiC	Software for Open Networking in the Cloud	基于云的开放网络软件系统
SPS	Semi-Persistent Scheduling	半持续调度
SR	Segment Routing	分段路由
SRH	Segment Routing Header	分段路由报文头
SRv6	Segment Routing over IPv6	基于 IPv6 的分段路由
TDM	Time Division Multiplexing	电路时分复用
TPU	Tensor Processing Unit	张量处理单元
TSN	Time Sensitive Network	时间敏感网络

续表

缩 略 语	英 文 全 称	中 文 全 称
UDF	User Defined Field	用户定义字段
UPF	User Plane Function	用户面功能
URLLC	Ultra Reliable Low Latency Communication	超可靠、低时延通信
VIM	Virtual Infrastructure Manager	虚拟基础设施管理器
VNF	Virtual Network Function	虚拟网络功能
VR	Virtual Reality	虚拟现实技术
VxLAN	Virtual Extensible Local Area Network	虚拟可扩展局域网
WAF	Web Application Function	Web 应用防护系统
X-ONE	X On-demand Network Engine	按需网络引擎